楽しくて便利なLINEを安全に使おう！

最新版

2023→2024年
初めてでもできる
超初心者の
LINE入門

standards

LINE

CONTENTS

PART 3 通話

PART 4 ウォレット

PART 5 LINE VOOM&
ニュース、そのほか

とっても便利な LINEを 使いこなせる ようになろう!

スマホを持っているなら、 絶対に便利な「LINE」!

「LINE」は日本で最も多く使われているコミュニケーションツールです。ドコモ、ソフトバンク、auの3大キャリアの回線はもちろん、格安SIMでもまったく問題なく利用できます。電話の代わりに利用されることも多く、今や必須のツールとなっています。

メールよりも気軽に使いやすい「トーク」、電話料金も発生せずに無料で通話を楽しめる「無料通話」、一度設定を済ませれば多くのお店でキャッシュレス決済が可能になり、友だち間のお金のやりとりも円滑に行える「LINE Pay」、TikTokのようにショートムービーを楽しめる「LINE VOOM」などさまざまな機能が詰め込まれています。

人によって使う機能、使わない機能のバラつきもあると思いますが、本書ではこれからLINEを使ってみたい人、またLINEを使い始めたばかりの人を対象に、必須の機能や便利な機能、使いやすい設定をわかりやすく解説していきます。本書を読んで、便利なLINEを早く使いこなせるようになりましょう。

本書の重要なページはここ!

本書は、一番前のページから順に読み進めていけば、もっとも深くLINEを理解できるように編集していますが、この本をご購入いただいた方には、LINEを普通に使えるようになるために、最優先の部分、もっとも重要なページを教えて、という方も多いと思います。右で紹介している部分がもっとも重要なページです。これらのページの内容はしっかりと理解しておきましょう!

まずは覚えておきたい操作方法

LINEを使う準備
インストールから初期設定
→ 10〜11ページ

LINEを利用するためには、最初にスマートフォンにアプリをインストールして初期設定を行います。LINEの利用には、有料スタンプなどを除いて、基本的お金はかかりませんので、まずは導入してみましょう。

設定は難しくないので
気軽に始めてみましょう!

スマホが苦手でも大丈夫
LINEの基本操作
→ 12〜17ページ

スマートフォンが苦手という方はまず基本中の基本の操作を確認しましょう。LINEの画面の見方から、Android、iPhoneそれぞれの基本的な操作を理解できます。

ここは少し、慎重に
考えて設定しましょう!

LINEのアドレス帳
友だちを登録
→ 20〜25ページ

LINEのアドレス帳ともいえるのが友だちリストです。友だちの登録は、状況に応じて複数の登録方法があります。とても大切な操作なので必ずマスターしましょう。

メインメニュー、友だちリスト、そのほかのサービスなどが表示されます

ただのチャットだけ
ではなく、にぎやかな機能が
たくさんあります！

チャット形式で気軽に
トーク
→ 34〜39ページ　46〜47ページ

友だちと短いメッセージのやり取りを行えるのが、LINEのメイン機能である「トーク」です。チャット形式で気軽にテンポの良い会話を行うことができます。トークには文字だけでなく、画像やファイルを送信したり、楽しい機能も満載です。

グループトーク
→ 52〜55ページ

トークは、1対1の会話だけでなく、家族や複数の友だちとグループでトークができます。気の合う友だちとの雑談や離れた家族との会話など、グループトークで話しましょう。

種類も豊富で
楽しく使える
スタンプ

文字よりも、自分の
今の気分を表しやすいのが
スタンプです

→ 40〜45ページ

文字だけでは味気なく感じるメッセージのやり取りも多種多様なスタンプを利用すれば楽しく行えます。無料スタンプから有料スタンプまで、スタンプを使いこなして楽しく会話しましょう。

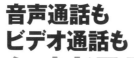

長時間の通話をしても
料金はかかりません！

音声通話も
ビデオ通話も
無料通話
→ 68〜75ページ

トークと並ぶLINEのコミュニケーション機能です。通常の電話とほとんど変わらない感覚で、無料で友だちと通話ができます。実際に顔を見ながら会話をする「ビデオ通話」も可能です。

LINEがお財布がわりに
LINE Pay
→ 90〜97ページ

LINE Payを使えばコンビニや飲食店などで
キャッシュレス決済が行えます。また友人間での
お金のやり取りもできてしまいます。設定が少し
手間ですが、とても便利な機能です。

慣れれば、すごく簡単に
支払いができます！

あらゆるジャンルの
面白投稿が楽しめます。
暇つぶしにも最適です！

SNS感覚で
楽しむ
LINE
VOOM
→ 102〜105ページ

トークや通話とはまったく別
の、SNS感覚で短い動画を楽
しめるのがLINE VOOMで
す。通常の友だちとは独立し
たフォローをし、ユーザー同士
で交流することができます。

そのほか、
LINEをより便利に
使いこなすために
重要なページはここ!

インストール、
アカウント取得と
友だち登録

P A R T

1

LINEを端末に インストールする

　LINEを利用するにはまず手持ちのスマホやタブレットにLINEをインストールする必要があります。iPhoneやiPadなどiOS端末はApp Store、Androidスマホ/タブレットはPlayストアにアクセスして、インストールします。LINEのインストールが完了するとLINEが起動できるようになります。

1 iOS端末は「App Store」、 Android端末は「Playストア」を起動する

iPhone／iPadはホーム画面の「App Store」のアプリアイコンをタップしてApp Storeを起動します。Androidスマホ／タブレットは「Playストア」のアプリアイコンをタップしてPlayストアを起動します。

2 iOS端末は「App Store」、 Android端末は「Playストア」でLINEを検索

iPhone／iPadはApp Storeの「検索」をタップして検索ボックスに「LINE」と入力して検索します。Androidスマホ／タブレットはPlayストアの画面上部の検索ボックスに「LINE」と入力して検索します。

3 iOS端末は「入手」、 Android端末は「インストール」をタップする

iPhone／iPadは「入手」をタップしてインストールします。Androidスマホ／タブレットは「インストール」をタップしてインストールします。

4 インストール完了後に「開く」を タップしてLINEを起動する

LINEのインストールが完了したら、iPhone／iPadはApp StoreのLINEページの「開く」をタップするとLINEが起動します。Androidスマホ／タブレットはPlayストアのLINEページの「開く」をタップするとLINEが起動します。

スマートフォンで
LINEアカウントを取得する

　LINEアカウントを電話番号認証で取得する場合は、キャリア契約したスマホの電話番号が必要となります。格安SIMや格安スマホの場合は、SMS対応のものを事前に用意しておきましょう。認証番号を受け取る際に必要です。なお、LINEアカウントは1つの電話番号で1つのアカウントしか取得できません。

1 「新規登録」をタップする

LINEを起動すると初回起動時のみアカウント登録画面が表示されるので、「新規登録」をタップします。

2 スマートフォンの電話番号を登録

電話番号を入力して、『→』→「送信」を順番にタップします。

3 「アカウントを新規作成」をタップ

認証番号が自動で登録されるので、「アカウントを新規作成」をタップします。

4 名前と画像を登録する

LINEのプロフィールに表示される名前と画像を登録して、「→」をタップします。

5 パスワードを登録する

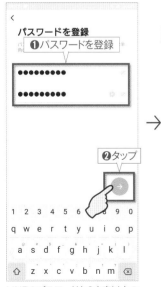

LINEのパスワードを6文字以上の英数字の組み合わせで登録して、「→」をタップします。

6 友だち登録のチェックを外す

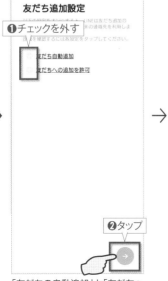

「友だちの自動追加」と「友だちへの追加を許可」の2つのチェックを外して、「→」をタップします。

7 年齢確認をスキップする

年齢確認はアカウント取得後に行うので、ここでは行いません。「あとで」をタップします。

8 LINEアカウントの作成が完了する

利用規約にそれぞれ「同意する」→「OK」をタップしたら、アカウントの作成は完了です。

インストール、アカウント設定と友だち登録

画面操作の基本を覚える

　LINEのインターフェースは「ホーム」「トーク」「VOOM」「ニュース」「ウォレット」の5つのメニューで構成されています。画面をスワイプやタップしてメニュー画面の切り替えや前画面に戻るなどの操作を行います。これらの操作はLINE操作の基本中の基本なので、しっかり覚えましょう。

Android版LINEのインターフェースと基本操作

❶サブメニュー
切り替えたメニュータブ固有のサブメニューが表示されます。

❷プロフィール
名前やアイコン、コメント、BGMなど設定したプロフィールが表示されます。

❸検索
「ホーム」と「トーク」と「ニュース」に画面を切り替えた時は検索欄が表示されます。

❹メイン画面
切り替えたメニュー画面が表示されます(*画像は「ホーム」画面を表示)。

❺メインメニュー
「ホーム」「トーク」「VOOM」「ニュース」「ウォレット」の5つのメニューは画面を切り替えても固定で表示されます。各メニューに更新情報があるとバッジが付きます。

❻前画面に戻る
端末本体の「戻る」キーをタップすると前の画面に戻ります。

LINEのインターフェースは「ホーム」「トーク」「VOOM」「ニュース」「ウォレット」の5つのメニューで構成されています。LINEはこの5つのメニューを切り替えて操作します。LINE本体の画面に関してはiPhoneとAndroidで差はありません。

---

1 LINEアイコンをタップして起動

ホーム画面のLINEアイコンか、アプリ管理画面のLINEアイコンをタップするとLINEが起動します。

2 LINE画面を上へスワイプして終了

❷下から上へスワイプ
❶タップ

端末の画面下部「−」をタップします。起動中のアプリ一覧の中からLINEを見つけて、下から上へスワイプするとLINEは終了します。

3 メインメニュータブを切り替える

選んでタップ

画面下部に表示されている5つのメニュータブから表示したいタブをタップしてメニュータブを切り替えます。

4 「戻る」キーをタップすると前画面に戻る

タップ

固定表示されている「戻る」キーをタップすると前画面に戻ります。

iOS版LINEのインターフェースと基本操作

❶サブメニュー
切り替えたメニュータブ固有のサブメニューが左右に表示されます。

❷プロフィール
名前やアイコン、コメント、BGMなど設定したプロフィールが表示されます。

❸検索
「ホーム」と「トーク」と「ニュース」に画面を切り替えた時は検索欄が表示されます。

❹メイン画面
切り替えたメニュー画面が表示されます（＊画像は「ホーム」画面を表示）。

❺メインメニュー
「ホーム」「トーク」「VOOM」「ニュース」「ウォレット」の5つのメニューは画面を切り替えても固定で表示されます。各メニューに更新情報があるとバッジが付きます。

LINEのインターフェースは「ホーム」「トーク」「VOOM」「ニュース」「ウォレット」の5つのメニューで構成されています。LINEはこの5つのメニューを切り替えて操作します。LINE本体の画面に関してはiPhoneとAndroidで差はありません。

---

1 LINEアイコンをタップして起動

ホーム画面に表示されているLINEアイコンをタップするとLINEが起動します。

2 アプリ選択画面を開いて起動を確認

iPhone X以前のモデルはiPhone本体のホームボタンを素早く2回押してアプリ選択画面を開きます。iPhone X以降のモデルは画面一番下の細長いバーを下から上にスワイプする途中で止めると起動中のアプリの一覧が表示されます。

3 上にスワイプしてLINEを終了する

起動中のアプリ一覧の中からLINEを見つけて、LINEの画面を下から上へスワイプするとLINEは終了します。

---

4 メニューをタップして画面を切り替え

画面下部に表示されている5つのメニュータブから表示したいタブをタップして、メイン画面を切り替えます。

5 表示したい項目をタップして表示する

メイン画面が表示されたら、表示したい項目をタップします。

6 「＜」や「×」をタップで前画面に戻る

画面の左上や右上に表示される「＜」や「×」をタップすると前画面に戻ります。

7 画面を左から右へスワイプして戻る

画面を指で左から右へスワイプしても前画面に戻ることができます。

13

ホーム画面に表示される
プロフィールを設定する

　LINEのホーム画面では、表示される名前や自分のアイコン画像、友だちリストや「知り合いかも?」に表示される一言メッセージである「ステータスメッセージ」、カバー画像、自分の誕生日など様々なプロフィール情報が表示されます。このプロフィールはホーム画面のプロフィール設定で各項目を設定することができます。

プロフィールの設定画面を開く

1 メインメニュー「ホーム」をタップ

メインメニュー「ホーム」→「プロフィール」を順番にタップすると自分の「ホーム」が表示されます。

2 「歯車アイコン」をタップする

タップ

自分のホーム画面が表示されたら、「歯車アイコン」をタップするとプロフィールの設定画面が開きます。

LINEのプロフィールの画面構成

❶閉じる(×)
　プロフィール画面を閉じます。

❷BGM
　登録したBGMが流れます。

❸QRコード
　友だち登録に利用するQRコードを表示します。

❹設定
　プロフィールの設定画面を表示します。

❺プロフィール画像
　プロフィール画像が表示されます。

❻名前／生年月日
　登録した名前と生年月日が表示されます。

❼ステータスメッセージ
　ステータスメッセージが表示されます。

❽デコ / アバター / KEEP / ストーリー
　プロフィール画面を編集するデコ、アバターの作成、KEEP、ストーリー投稿画面へのショートカットです。

❾LINE VOOM投稿
　LINE VOOMの投稿画面が表示されます。

プロフィール画面をデコする

「デコ」をタップするとプロフィール画面に素材を組み合わせてデコレーションすることができます。

あらかじめ用意された素材を組み合わせたり、写真を合成したり、自分だけの画面を作りましょう。

アバターを作って設定する

「アバター」をタップするとプロフィール画像に利用できるアバターを作成できます。

アバターの作成には「AlphaCrewz」というアプリが必要です。リンク先の指示に従いましょう。

P A R T 1

ホーム画面に表示されるプロフィールの主要項目を設定する

1 プロフィールに表示されるアイコン画像を設定する

プロフィールの丸い画像部分をタップし、切り替わった画面の「編集」をタップします。「カメラで撮影」「写真または動画を選択」「アバターを選択」が表示さたら、選んで画像を設定しましょう。

2 現在設定されているユーザー名を変更する

「名前」の項目には現在設定されているユーザー名が表示されています。変更する場合は「名前」をタップします。入力欄にユーザー名を20文字以内で入力して「保存」をタップするとユーザー名の変更は完了です。

3 プロフィールに表示されるメッセージを設定する

「ステータスメッセージ」をタップすると「知り合いかも?」に表示される一言メッセージを設定できます。入力欄に500字以内でステータスメッセージを入力して「保存」をタップするとメッセージの設定は完了です。

4 プロフィールに表示されるLINE IDを設定する

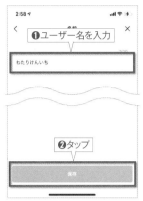

「ID」をタップすると半角英数字20文字以内でLINE IDを設定することができます。LINE IDは一度設定してしまうと変更できないので、設定する場合は慎重に決めましょう。

5 プロフィールに表示される誕生日を設定する

「誕生日」をタップするとプロフィールに誕生日と誕生日・年齢の公開・非公開を設定できます。誕生日を登録すると誕生日にお祝いメッセージが届いたりします。

6 変更をストーリーに投稿する

プロフィール画像やBGMを変更する際、投稿画面で「ストーリーに投稿」にチェックをすれば、変更したことがストーリーに投稿されます。

7 LINEとLINE MUSICを連携してプロフィールで流れるBGMを設定する

BGMの設定にはLINE IDとメールアドレスの登録が必要になります。LINE IDは手順4を参考に、パスワードはメインメニュー「その他」→「設定」→「アカウント」→「メールアドレス」を順番にタップして登録します。

プロフィール設定のBGMをオンに設定します。LINE MUSICをインストールしていない場合はメッセージが表示されるので、iPhoneはApp Store、AndroidはGoogle PlayにアクセスしてLINE MUSICをインストールします。

BGMをオンに設定するとLINE MUSICが起動するので、「ログイン」をタップしてLINEアカウントでログインします。初回起動時のみLINE MUSICの利用規約やアプリ権限などに同意項目があるので「同意する」をタップします。

LINE MUSICからBGMにする曲を選んで、曲名の横の「…」をタップします。「LINE BGM～」をタップして、「BGMに設定」をタップするとBGMの設定は完了です。プロフィールやホーム画面で設定したBGMが流れるようになります。

※LINE MUSICは有料/無料のプランがありますが、プロフィールBGMは無料プランでも可能です。

LINEアカウントの設定を確認する

　LINEアカウントの管理画面では登録した電話番号の変更やFacebookアカウントとの連携、LINE IDやメールアドレスの登録、連動アプリやログイン中の端末の確認といったLINEアカウントに関する各種設定の変更や確認ができます。また、LINEを退会する際のアカウントの削除なども行えます。

LINEのアカウント管理画面を開く

1 メインメニュー「ホーム」をタップ

タップ

メインメニュー「ホーム」をタップして、「ホーム」画面を開きます。

2 「設定」をタップし設定画面を開く

タップ

「ホーム」画面の左上にある「設定（歯車アイコン）」をタップして設定画面を開きます。

3 「アカウント」をタップする

タップ

設定画面が開いたら設定項目の一覧から「アカウント」を選んでタップします。

4 設定・変更する項目をタップする

変更する項目を選んでタップ

アカウント管理画面の項目で設定もしくは変更する項目があった場合はその項目をタップします。

LINEのアカウント管理の画面構成

❶電話番号
LINEに登録している電話番号が表示されます。タップすると電話番号を変更できます。

❷メールアドレス
バックアップ用のメールアドレスの登録が行えます。

❸パスワード
LINE自体にパスワードを設定できます。

❹Face ID
端末に登録されているFace IDでLINEにログインできるように設定します（iPhoneの場合）。

❺Apple
AppleのIDとLINEを連携することができます。

❻Facebook
FacebookとLINEを連携することができます。

❼連動アプリ
LINEと連携しているアプリの一覧を表示します。

❽他の端末と連携
パソコンやタブレットなど他の端末のLINEと連携します。

❾ログイン許可
現在利用しているLINEアカウントでパソコンなどの他の端末のLINEにログインすることを許可します。

❿Webログインの2要素認証
オンにするとWebでLINEにログインする際に2要素認証が必要になります。

⓫パスワードでログイン
同一のLINEアカウントでログインしている端末の一覧を表示します。

⓬ログイン中の端末
同一のLINEアカウントでログインしている端末の一覧を表示します。

⓭アカウント削除
LINEアカウントを削除してLINEを初期状態にします。

 POINT
LINEのアカウント削除

万が一LINEの利用をやめたくなりアカウントを削除する場合は、「設定」→「アカウント」の画面より「アカウント削除」をタップします。削除自体は、画面の指示に従うだけなので簡単ですが、削除後は当然LINEが使えなくなるので実行する際には十分注意しましょう。

メールアドレスを登録する

LINEにメールアドレスを登録しておくとスマートフォンを機種変更した場合のLINEアカウントの引き継ぎが可能になります。また、LINEが提供するサービスの中には、メールアドレスの登録が必須のサービスもあります。

1 「メールアドレス」をタップ

メインメニュー「ホーム」→「設定」→「アカウント」を順番にタップします。「アカウント」メニューの「メールアドレス」をタップします。

2 メールアドレスとパスワードを入力

❶メールアドレスを入力
❷タップ
❸4桁の認証番号を入力

入力ボックスにメールアドレスを入力して「次へ」をタップします。認証番号がメールに送信されるので、メール記載の認証番号を入力して「メール認証」をタップするとメールアドレスの登録が完了します。

POINT : LINE IDを設定する

LINE IDは半角英数20字以内で設定するLINE専用の個人IDです。LINE IDを設定してID検索をオンに設定しておくと、より手軽に友だち登録ができます。ただし、1度設定したLINE IDは2度と変更できないので注意が必要です。

1 「ID」をタップする

メインメニュー「ホーム」→「プロフィール」→プロフィール画面の「プロフィール」→「ID」を順番にタップします。

2 20字以内でID名を入力

❶文字列を入力して「使用可能〜」をタップ
fdeygseut737
fdeygseut737
❷タップ

入力ボックスに半角英数20字以内でID名を入力します。入力したID名が使用可能な場合は「保存」をタップしてIDを決定します。1度設定したLINE IDは2度と変更できません。LINE IDを設定した場合は絶対にインターネット上で公開しないようにしましょう。

FacebookとLINEを連携させる

LINEアカウントとFacebookアカウントは連携することができます。FacebookとLINEを連携するとFacebookに登録している友だちをLINEに登録することができるほか、機種変更の時にアカウントの引き継ぎにも利用することができます。

1 「連携する」をタップ

メインメニュー「ホーム」→「設定」→「アカウント」を順番にタップします。「アカウント」メニューのFacebookの「連携する」をタップします。

2 Facebookアカウントでログインする

Facebookアカウントのメールアドレスとパスワードを入力してFacebookにログインするとLINEとの連携は完了です。

POINT : Facebookの二重登録に注意!

すでにLINEで使用中のFacebookのアカウントで新たに連携を行うとメッセージが表示されます。Facebook連携は、引継ぎにも使う機能のため、1つのFacebookアカウントにひとつのLINEアカウントしか連携することができません。

すでにLINEと連携しているFacebook IDは利用することができません。「次へ」で進んでいくと、アカウントの引継ぎ画面に切り替わります。

ID検索を利用するなら必須!

LINEの年齢確認を行う

　LINEは18歳未満のユーザーを対象にLINE IDの検索機能など一部の機能を制限しています。LINEの年齢確認システムはLINEとdocomo/au/ソフトバンクなどのキャリアと連動したシステムのため、年齢確認をするためにはLINE本体の操作だけでなく各キャリアのサポートにアクセスする必要があります。

LINEの年齢確認を行う

1 ホームの設定をタップする

LINEアプリの年齢確認を行う際は、「ホーム」をタップし、「設定」アイコンをタップします。

2 「年齢確認」をタップする

設定画面が開いたら「年齢確認」をタップしましょう。年齢認証済みの場合は「ID検索可」になっています。

3 「年齢確認結果」をタップする

年齢確認画面に切り替わったら「年齢確認結果」をタップしましょう。

4 キャリアを選んでタップする

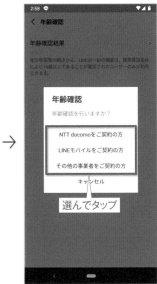

利用中のスマートフォンのキャリアを選んでタップします。各キャリア毎に方法が異なるので指示に従い進めましょう。

POINT 年齢確認が認証されない場合

　正しい手順で年齢確認を行ったのに認証されない場合は端末の利用者情報が登録されていない可能性があります。各キャリアのインフォメーションセンターに連絡するか最寄りの各キャリアのショップへ出向いて利用者情報を登録しましょう。

各キャリアのインフォメーションセンターに連絡するか最寄りのキャリアショップで確認しましょう。

POINT 格安SIMの年齢確認

　LINEの年齢確認はキャリアの回線契約情報から年齢データを取得しているため、格安SIMを利用している場合は年齢確認を行えるものと行えないものがあります。2023年4月現在では3大キャリアのほかに「ワイモバイル」「LINEモバイル」「イオンモバイル」「mineo」「IIJmio」「楽天モバイル」「UQモバイルの一部プラン」で年齢確認が可能となっています。

年齢確認をするなら、3大キャリアか、もしくは上記の業者と契約する必要がある。

LINEのプライバシー設定を確認する

　自分だけでなく他人の個人情報も集約されているLINEアカウントのプライバシー管理はLINEを利用する上で非常に重要な操作です。盗み見防止のパスコードロックやID検索許可などLINEアカウントのプライバシー管理に関する設定は「設定」を開いて「プライバシー管理」で行います。

LINEにパスコードロックをかける

1 「プライバシー管理」をタップ

メインメニューの「ホーム」→「設定」→「プライバシー管理」を順番にタップします。

2 パスコードロックを「オン」にする

「パスコードロック」のスライドバーを右へスライドしてパスコードロックを「オン」にします。

3 パスコードを設定する

パスコードの入力画面で数字4桁のパスコードを入力します。再度パスコードを入力するとパスコードの設定は完了です。

4 パスコードを変更する

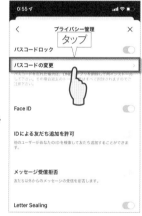

「プライバシー管理」画面の「パスコードの変更」をタップします。パスコードの入力画面で新しいパスコードを入力します。

ID検索をオフに設定する

　LINE IDとは、LINEユーザーを識別するために使われる固有の符号で、1つのアカウントに対して1つのLINE IDを登録することが可能です。LINE IDの検索機能はオンに設定した状態だと、見知らぬユーザーからメッセージが届いてしまう可能性があるので、使わない場合はオフに設定しておきましょう。

メインメニュー「ホーム」→「設定」→「プライバシー管理」を順番にタップします。「IDによる友だち追加を許可」のスライドバーを左へスライドしてオフに設定します。これでLINE IDで検索されることがなくなります。

友だち以外のメッセージを受信拒否する

　LINEはそのアプリの性質上、友だち以外のユーザーからメッセージが届く可能性があります。身に覚えのないメッセージに応答するのは不要なトラブルを招く可能性があるので、そういった事態を防止するために友だち登録している以外のユーザーのメッセージを受信拒否して、友だち登録しているユーザーとのみやり取りをしましょう。

メインメニュー「ホーム」→「設定」→「プライバシー管理」を順番にタップします。「メッセージ受信拒否」のスライドバーを右へスライドし、オンに設定しましょう。

友だち登録の基本を覚えよう

LINEの友だち登録は電話でいうアドレス帳のようなもの。トークをするにも通話するにも最初に必要になる手順です。友だち登録の方法は複数用意されていますので、まずどんなものがあるか、どういう場面で使うのに便利かを把握しましょう。

LINEインストール直後に便利な自動追加方法

LINEにはスマートフォンの連絡先をすべてLINEにアップロードして、その中からLINEを利用しているユーザーを自動的に検出し、友だち登録をしてくれる機能があります。インストール直後に手っ取り早く追加をするには便利である反面、自動的な追加を許可するか、しないかはユーザーの設定によって異なるため、必ずしもアドレス帳の知り合い全員が追加されるわけではありません。また、自動的な追加を許可することで知らない人と繋がってしまったりと、セキュリティ面での不安もありますので、必要に応じて使うようにしましょう。

→ P21

連絡先から友だちを自動検出する「友だち自動追加」

スマートフォンの連絡先に登録してある連絡データの中からLINEを利用しているユーザーを自動的に検出してLINEに友だち登録する機能です。機能を「オン」にしておけば、スマートフォンのアドレス帳に基づき自動的に友だちが追加されます。

離れた友人に連絡先を送信
招待

→ P23

自分のLINEアカウントの情報をURLにして、友だちにメールやSMSで送って、LINEに友だち登録してもらいます。離れた場所にいる友人や複数の友人にLINEの友だち登録をしてもらう際に役立ちます。

目の前の人と連絡先を交換
QRコード

→ P24

LINEに搭載されたQRコードリーダーを利用して、自分のQRコードを読み取ってもらうか、相手のQRコードを読み取って友だち登録を行います。QRコードリーダーの起動は「友だち追加」の「QRコード」をタップします。

設定を行い友だちを検索
ID／電話番号検索

→ P25

「ID／電話番号検索の許可」をオンにして年齢確認を済ませると、「ID／電話番号検索」から相手のIDや電話番号を検索して友だち登録ができます。ただし、「ID／電話番号検索」は目の前にいる友人のIDを登録する場合のみ活用するようにしましょう。

PART 1

自動登録で友だちを LINEに登録する

「友だち自動追加」や「友だちへの追加を許可」は端末の連絡先データすべてをLINEへアップロードして友だちを割り出す機能です。端末の連絡先データすべてをLINEへアップロードするということは、LINEユーザーであることを知られたくない相手にも知らせてしまう可能性があるということを理解しておく必要があります。

1 「歯車」アイコンをタップする

メニュータブの「ホーム」→「歯車」アイコンを順番にタップしてLINEの設定画面を表示します。

2 「友だち」をタップする

LINEの設定画面が表示されたら、「友だち」をタップします。

3 「友だち自動追加」をオンに設定

右へスライドしてオンに設定

「友だち自動追加」を右へスライドしてオンにすると、端末の連絡先に含まれるLINEユーザーが自動的に追加されます。

4 「友だちへの追加を許可」をオン

右へスライドしてオンに設定

「友だちへの追加許可」をオンにすると、自分の電話番号を知っているLINEユーザーが自動で友だち追加したり、電話番号検索をかけたりすることができるようになります。

POINT ┆「知り合いかも？」の友だち登録は要注意！

友だち追加の一覧に表示される「知り合いかも？」は、自分は友だち登録していない相手が自分を友だち登録している場合に表示されます。まったく知り合いではない人も表示されることがあるので、「知り合いかも？」から安易に友だち登録してしまうと見知らぬ第三者と友だちになってしまう危険性もあります。「知り合いかも？」から友だち登録する場合は相手を確認してから登録するようにしましょう。

「知り合いかも？」の一覧にはユーザー名の下に表示される理由が表記されています。まったく知り合いではない人も表示されることがあるので、「知り合いかも？」からの友だち登録は慎重に行いましょう。

「知り合いかも？」に表示される理由

「電話番号で友だちに追加されました」
相手が自分の電話番号を端末の連絡先登録していて、「友だちを追加」をオンにしている場合はこのような表示になります。

「LINE IDで友だちに追加されました」
相手が「友だち追加」の「ID検索」からIDを検索して、友だち登録している場合はこのような表示になります。

「QRコードで友だちに追加されました」
相手が「友だち追加」の「QRコード」を利用して友だちを追加した場合はこのような表示になります。

「理由が表示されない（空白）ケース」
グループトークなどで同じグループに参加しているユーザーが参加者のメンバーリストなどから自分を友だちに追加した場合やトーク内で自分の連絡先が共有された場合にこのような表示になります。

手動登録で友だちを LINEに登録する

　LINEにはスマートフォンに登録している連絡先からLINEユーザーを自動的に検出して友だち登録する友だち自動追加のほかにも、手動で友だちを登録する機能もいくつか搭載されています。この機能を利用すると、目の前にいる友だちや知り合いがLINEユーザーだった場合、すぐに登録できます。

「友だち追加」画面を表示する

1 「友だち追加」をタップする

メインメニュー「ホーム」→「友だち追加」を順番にタップします。

2 登録方法を選んでタップ

「友だち追加」画面の上部に表示されている友だちの追加方法を選んでタップします。

3 iPhoneは「×」をタップ

iPhoneで「友だち追加」画面を閉じる時は「×」をタップします。

4 Androidは「◀」をタップ

Androidで「友だち追加」画面を閉じる時は「◀」をタップします。

「友だち追加画面」の機能と役割

iPhone

Android

❶友だち設定
　LINEの各種設定の友だち設定が表示されます。友だち自動追加などを設定できます。

❷閉じる／戻る
　「友だち追加画面」を閉じて「友だち」画面に戻ります。Androidは端末の「戻る」キーをタップします。

❸友だち手動追加メニュー
　友だち手動追加のメニューが表示されています。タップするとそれぞれの機能が起動します。

❹友だち自動追加
　友だち自動追加の設定内容が表示されます。タップするとLINEの各種設定の友だち設定が表示されます。

❺グループ作成
　LINEに登録した友だちでグループを作ることができます。

❻知り合いかも?
　自分のアカウントを登録しているLINEユーザーで、自分が友だちになっていないユーザーが一覧表示されます。

友だちを「招待」して友だち登録してもらおう!

「招待」で 友だちを登録する

　LINEの「招待」機能は本来、LINEを知らない友だちにメールでLINEを教えてあげるという機能ですが、この「招待」機能を応用すると、遠くにいる友だちに自分の登録情報をURL化してメールで送信することができます。すでに友だちがLINEユーザーであれば、URLにアクセスすると友だち登録されます。

遠くにいる友だちに自分の登録情報をURL化してメールで送信する

1 | 「友だち追加」を タップする

メインメニュー「ホーム」→「友だち追加」を順番にタップします。

2 | 「友だち追加」の 「招待」をタップ

「友だち追加」画面の友だち追加メニューの「招待」をタップします。

3 | 「メールアドレス」を タップする

「SMS」か「メールアドレス」の選択メニューが表示されるので、「メールアドレス」をタップします。

4 | メールリストの 「招待」をタップ

端末に登録してあるメールアドレスのリストが表示されるので、選んで「招待」をタップします。

5 | メールを 送信する

QRコード、URLが記載された招待メールが作成されますので、送信しましょう。

ⓟOINT

トークで友だちに別の 友だちを紹介する方法

　LINEでは共通の友人にアカウントを紹介することができます。方法は簡単。連絡先を教えたい友だちとのトークルームで「+」→「連絡先」をタップして、「LINE友だちから選択」から教える友だちを選んで送信するだけ。受信側は送られてきたトークをタップし、追加をすることで友だち登録ができます。ただし、本人の許可なく勝手に進めてしまうとトラブルの元となりますので、必ず双方に許可を取ってから紹介するようにしましょう。

❷選んだ友だちは トーク画面に送信される

❶タップして共有したい 友だちを選ぶ

トーク画面で「+」→「連絡先」→「LINE友だちから選択」をタップし、教えたい友だちを選べばトークで友だちを紹介できます。

ⓟOINT

登録情報のURL を他のSNSで 公開しない

　自分の登録情報のURLはLINEユーザーであれば、URLにアクセスするだけで友だち登録できるので、Facebookなどの SNSで公開した場合、不特定多数のユーザーと友だちになってしまう可能性があります。不要なトラブルの元になるので親しい友人以外には教えないようにしましょう。

インストール、アカウント設定と友だち登録

23

必ずマスターしたい! 最も使いやすい友だち登録方法!!

「QRコード」で 友だちを登録する

LINEの友だち登録の中でもよく利用されているのが、このQRコードを使った追加方法です。LINEに搭載されているQRコードリーダーで、相手が表示したQRコードを読み取ることで、友だち追加を行います。目の前の友だちを追加するだけなく、メールで送付して離れた友だちを追加することも可能です。

友だちにQRコードを表示してもらって友だち登録する

1 「QRコード」を タップする

メインメニュー「ホーム」→「友だち追加」を順番にタップします。「友だち追加」画面の「QRコード」をタップするとQRコードリーダーが起動します。

2 友だちにQRコードを 表示してもらう

QRコードリーダーが起動している画面の「マイQRコード」をタップすると自分のQRコードが表示されます。

3 友だちのQRコードを 読み取って登録する

❶友だちのQRコードを読み取る

❷タップ taja

友だちの端末に表示されたQRコードを読み取ります。QRコードリーダーの画面枠内に収めると自動認識されます。読み取った友だちの「追加」をタップすると登録完了です。友だちに読み取ってもらう場合は、②の手順でQRコードを表示させ、読み取ってもらいましょう。

POINT

QRコードで離れた 友だちを登録する

QRコードは実際にその場で会っていない離れた友だちを登録するのにも便利です。QRコードをそのままシェアすることもできますが、受信した友だちは、QRコードを保存して読み取る手間がかかるため、友だち登録するときに手間にならないようにリンクをコピーして、メールなどで知り合いに送る方法がおすすめです。受信した相手は、LINEを利用していればリンクをクリックするだけで簡単に友だち登録ができます。

マイQRコードを表示して、「リンクをコピー」をタップ。コピーしたリンクをメールに貼り付けて送信します。「シェア」でQRコードの画像を送ることもできます。

QRコードを 更新する

QRコードはいつでも更新可能です。特にメールで送付した場合などは、ネット上に流出してしまう危険性がわずかながらも発生してしまうので、相手との友だち登録が完了したら必ず更新しておきましょう。QRコードの更新は、マイQRコードの画面の更新ボタンをタップするだけで簡単に行うことができます。

マイQRコードを表示して、「更新」をタップします。QRコードを更新すると更新前のものは無効になります。

「ID/電話番号検索」で友だちを登録する

　LINE IDか電話番号がわかっていれば、LINEでLINE ID／電話番号を検索して友だちを見つけることができます。LINE IDとは、LINEユーザーを識別するために使われる固有の符号です。ただし、年齢確認が必須なのに加え、相手が検索を許可する設定にしていないと利用できません。

LINE IDを検索して友だちを登録する

1 事前に年齢確認を済ませておく

メインメニュー「ホーム」→「設定」から年齢確認（P18）を行います。年齢確認の方法は各キャリアによって方法が違うので、各キャリアの指示に従って年齢確認を行います。

2 友だち追加画面の「検索」をタップ

メインメニュー「ホーム」→「友だち追加」→「検索」を順番にタップします。

3 友だちのLINE IDを入力

LINE IDで検索する場合は「ID」にチェックを入れて、友だちのLINE IDを入力して検索を開始します。

4 友だちを検出したら「追加」をタップ

検索結果が表示されるので、「追加」をタップすれば友だちリストへの登録が完了します。

電話番号を検索して友だちを登録する

1 事前に年齢確認を済ませておく

メインメニュー「ホーム」→「設定」から年齢確認（P18）を行います。年齢確認の方法は各キャリアによって方法が違うので、各キャリアの指示に従って年齢確認を行います。

2 友だち追加画面の「検索」をタップ

メインメニュー「ホーム」→「友だち追加」→「検索」を順番にタップします。

3 友だちの電話番号を入力

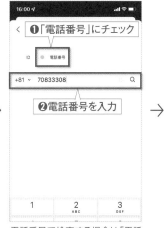

電話番号で検索する場合は「電話番号」にチェックを入れて、友だちの電話番号を入力して検索を開始します。

4 友だちを検出したら「追加」をタップ

検索結果が表示されるので、「追加」をタップすれば、友だちリストへの追加が完了します。

友だちリストを効率よく管理する

LINEに登録した友だちはすべて友だちリストに表示されますが、ある程度友だちが増えると友だちリストの表示が増えてきて友だちを探すのに苦労する場合があります。そんな時は、友だちリストの「お気に入り」や「非表示」といった機能を利用すると友だちリストを効率よく管理することができます。

特定の友だちを「お気に入り」に登録する

頻繁に連絡する親しい友だちは「お気に入り」に登録しましょう。お気に入り指定した友だちは友だちリストに「お気に入り」としてまとめて友だちリストの上段に表示されるので、友だちリストから探し出す手間を省くことができます。友だちのお気に入り登録は友だちの詳細画面から行います。また、お気に入り登録は友だち何人でも登録することができます。お気に入り登録を活用して効率よく友だちリストを管理しましょう。

1 お気に入り登録する友だちをタップ

メインメニュー「ホーム」を開いて「お気に入り」に登録する友だちをタップします。

2 友だちの詳細画面の「☆」をタップ

友だちの詳細画面が開いたら友だちの名前の上にある「☆」をタップします。色が緑に変わればお気に入り登録完了です。

3 お気に入りが一覧表示される

友だちリストに「お気に入り」欄が作成され、お気に入り登録した友だちが一覧表示されます。

4 お気に入り登録を解除する

お気に入り登録の解除は友だちの詳細画面の「☆」をタップします。色が白に変わればお気に入り登録が解除されます。

◯ POINT

友だちリストの表示名を変更する

友だちリストの表示名は友だち自身がプロフィールに登録した名前が表示されるため、友だちリストに表示された友だちの名前がわかりにくくなることがあります。そんな時は友だちの表示名を自分がわかりやすい表示名に変更しましょう。

1 「ペン」アイコンをタップする

メインメニュー「友だち」を開いて、表示名を変更する友だちを選んでタップします。詳細画面に表示されている友だちの表示名の右にある「ペン」アイコンをタップします。

2 新しい友だちの表示名を入力

入力欄に友だちに付ける新しい表示名を入力して「保存」をタップすると、友だちリストの表示名が変更されます。

3 友だちの表示名を元の表示名に戻す

表示名を入力する際に現在の表示名を削除して何も入力せずに「保存」をタップすると元の表示名に戻ります。

「非表示」機能を利用して友だちリストを整理する

LINEを長く利用していると友だちが増えていくことはもちろん、公式アカウントの登録も増えたりして友だちリストから特定の友だちを探すことが面倒になっていきます。そんな時はあまり連絡をとらない友だちや公式アカウントを「非表示」に設定して友だちリストを整理整頓しましょう。この「非表示」機能はあくまで友だちリストに表示されなくなるだけなので、非表示を解除して再表示することも可能です。

1 友だちをロングタップ

❷非表示にする友だちをロングタップ

❶タップ

メインメニュー「ホーム」をタップして友だちリストを表示します。非表示にする友だちをロングタップします。

2 「非表示」をタップする

タップ

表示された操作メニューの「非表示」をタップすると、友だちが非表示になります。

3 非表示リストを確認する

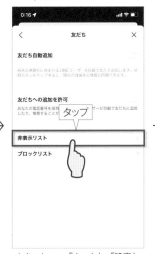

タップ

メインメニュー「ホーム」→「設定」→「友だち」→「非表示リスト」を順番にタップすると非表示リストが表示されます。

4 非表示にした友だちを再表示する

❶タップ

❷タップ

友だちを再表示する場合は一覧の「編集」をタップして「再表示」を選びます。

拒否したい友だちはすべて「ブロック」

LINEでは本人の意図しないところで「友だち」として他のユーザーに登録されている場合があるため、そういった人物とトラブルになる可能性もないとはいえません。もし、LINE上でつながっている友だちとトラブルになり、その友だちとLINEのやり取りをやめたい場合は「ブロック」機能を利用しましょう。「ブロック」機能は特定の友だちからの連絡をシャットアウトする機能で設定された友だちからの連絡は一切入らなくなります。

1 友だちをロングタップ

❷ブロックしたい友だちをロングタップ

❶タップ

メインメニュー「ホーム」をタップして友だちリストを表示します。ブロックする友だちをロングタップします。

2 「ブロック」をタップする

タップ

表示された操作メニューの「ブロック」をタップすると、友だちをブロックできます。Androidの場合も操作は同じです。

3 ブロックリストで確認する

タップ

メインメニューの「ホーム」→「設定」→「友だち」→「ブロックリスト」を順番にタップするとブロックリストが表示されます。

4 ブロックした友だちを解除する

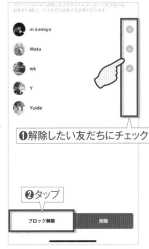

❶解除したい友だちにチェック

❷タップ

iPhoneは、チェックを入れて「ブロック解除」をタップ。Androidは「編集」→「ブロック解除」をタップします。

27

Q. LINEを安心して使うための注意事項や設定方法はあるの?

A. 安全に使うためのポイントを押さえましょう

不審なメッセージには絶対に返信しない!

　LINEの性質上、友だち以外のユーザーからメッセージが届く可能性があります。相手の連絡先に自分の電話番号が登録されていたことで相手のみがあなたをLINE友だちにしている場合、昔の友人や知人で電話帳から消えてしまっている人など様々な理由が考えられますが、身に覚えのないメッセージに応答するのは不要なトラブルを招く可能性があります。友だち登録している以外のユーザーのメッセージを受信拒否して、友だち登録しているユーザーとのみメッセージのやり取りをしましょう。見知らぬユーザーからのメッセージに絶対返信してはいけません。

1 設定をタップする
メインメニュー「ホーム」→「設定」を順番にタップします。

2 「プライバシー管理」をタップする
設定の画面が開いたら「プライバシー管理」をタップします。

3 受信拒否をオンにする
「メッセージ受信拒否」を右へスライドして設定します。これで友だち以外からはメッセージが届かなくなります。

必要な時以外はID検索をオフに設定する

　LINE IDとは、LINEユーザーを識別するために使われる固有の符号で、1つのアカウントに対して1つのLINE IDを登録することが可能です。登録しておくと友人とLINE IDを検索して、スムーズに友だち登録ができるようになりますが、設定したIDを知らないユーザーに検索され、見知らぬユーザーからメッセージが届いてしまう可能性があります。LINE IDの検索機能は使う時のみオンに設定して、使わない場合はオフに設定しましょう。LINEのセキュリティは格段に高まります。

「IDで友だち追加を許可」を「オフ」に設定する
メインメニュー「ホーム」→「設定」→「プライバシー管理」を順番にタップします。iPhoneは「IDで友だち追加を許可」のスライドバーを左へスライドしてオフに設定します。Androidは「IDで友だち追加を許可」の項目のチェックを外してオフに設定します。

LINE IDの取り扱いには要注意!

　LINE IDは半角20文字以内で自分で設定を行いますが、一度設定をすると2度と変更できません。安易にネット上に公開しないようにしましょう。

28

LINEの不正ログインを防止する

パソコン版LINEやタブレット版LINEとスマホ版LINEを併用していると誰かが自分のアカウントでログインする可能性や自分が席を外している間に盗み見する可能性もあります。パソコンやiPadでLINEを利用しない時は他の機器からのログインをオフに設定しておきましょう。また、アカウントメニューの「ログイン中の端末」では同アカウントでログインしている機器を一覧表示することができるので、自分のアカウントが不正に利用されていないか定期的にチェックしましょう。

1 「アカウント」をタップ

メインメニューの「ホーム」→「設定」→「アカウント」を順番にタップします。

2 「ログイン許可」をオフに設定する

「ログイン許可」のスライドバーを左へスライドしてログイン許可を「オフ」にします。

不正ログインをチェックする

❶オンに設定
❷タップ

1 「ログイン許可」をオン

メインメニューの「ホーム」→「設定」→「アカウント」を順番にタップします。「ログイン許可」のチェックボックスのチェックを入れてログイン許可を「オン」にし、「ログイン中の端末」をタップします。

2 ログイン中の端末が一覧表示される

ログイン中の端末が一覧表示されます。表示されている端末の「ログアウト」をタップすると強制的にログアウトすることができます。

トークの通知設定を見直して再設定する

LINEでメッセージを受信したら画面にポップアップで通知してくれるLINEの通知機能は便利な機能ですが、設定によっては受信したメッセージを他人が読んでしまう危険性も伴います。特にAndroidの場合はiPhoneよりも通知機能が充実しているので、設定によってはメッセージをすべてを見られてしまう可能性もあります。LINEの通知機能は設定に応じてトークの内容を通知に表示しないようにしたり、通知自体をオフにすることもできます。

左にスライドでオフに設定

Androidのみ詳細な設定が可能

通知設定をオフにする

LINEの通知自体をオフに設定します。メインメニューの「ホーム」→「設定」→「通知」をオフに設定します。Androidのみ、より細かく設定することも可能です。

オンに設定
オフに設定
Androidのみ詳細な設定が可能

トーク内容を表示せず通知する

iPhoneは「新着メッセージ」をオン、「メッセージ内容表示」をオフに設定すると通知にトーク内容が表示されません。Androidは「メッセージ通知」をタップし、細かく設定をすることが可能です。

困ったを解決する アカウント設定&友だち登録のQ&A

Q. スマホの機種変更でLINEアカウントを引き継ぐ方法は?

A. メールアドレスを登録して引継ぎ許可を設定します

機種変更などの際にそれまで使っていたLINEアカウントを機種変更後の端末で引き継ぐためには旧端末と新端末それぞれで引き継ぎの手順を行う必要があります。LINEアカウントの引き継ぎをせずに

新端末で「新規登録」をしてしまうと、それまで使用していたLINEアカウントが削除され、友だちやグループ、購入したスタンプなど保有していた全ての情報が消滅してしまいます。機種変更前に旧端末の

LINEでメールアドレスとパスワード登録と引継ぎ許可設定は必ず行いましょう。引継ぎ許可設定は24時間以内に引き継ぎを行う必要があるので、機種変更を行う当日に設定しましょう。

 → 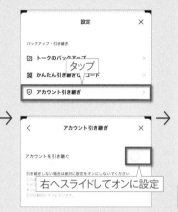 →  →

1 メールアドレスとパスワードを登録
旧端末のLINEでメインメニュー「ホーム」→「設定」→「アカウント」→「メールアドレス登録」を順番にタップしてメールアドレスとパスワードを登録します。

2 引き継ぎ設定をオンに設定する
旧端末のLINEでメインメニュー「ホーム」→「設定」→「アカウントを引き継ぎ」を順番にタップして設定をオンにします。

3 新端末のLINEを起動する
新端末のLINEを起動してLINEアカウントの新規登録画面の「ログイン」をタップします。

4 メールアドレスとパスワードを入力
旧端末のLINEで設定したメールアドレスとパスワードを入力します。

5 電話番号を登録する
電話番号の入力を求められるので新端末の電話番号を入力します。SMSで認証番号が送付されるのでSMSに記載された認証番号を入力します。以上でアカウントの引継ぎは完了です。

POINT

QRコードを使って簡単引継ぎ

LINEアカウントの引き継ぎで、最も簡単なものが2022年6月に追加されたQRコードを使った方法です。引き継ぎに必要なのは新旧スマホだけ。旧スマホで表示をしたQRコードを、新スマホのLINEで読み取るだけ。電話番号やパスワードの入力も不要で、引き継ぎができます。

旧スマホで「ホーム」→「設定」→「かんたん引継ぎQRコード」をタップします。あとは新スマホで、旧スマホに表示されたQRコードを読み込みましょう。

POINT

引き継ぎ許可はタップ24時間以内で!

引き継ぎ許可設定は一定時間を過ぎるとオフになってしまします。引き継ぎ許可設定をオンに設定したら必ず24時間以内に引き継ぎを開始しましょう。また、引き継ぎ許可設定は引き継ぎ以外で絶対にオンにしないでください。

PART 1

30

Q. 機種変更の際、LINEのトーク履歴は引き継げるの?

A. バックアップデータを読み込んで引継ぎ可能です

スマートフォンを機種変更した際、LINEアカウントを引き継ぐだけではトークは引き継がれません。トーク履歴の引き継ぎはバックアップ機能を利用し、アカウント引継ぎ時に行います。トーク履歴のバックアップは、「ホーム」→「設定（歯車）」→「トーク」のバックアップより簡単に行うことができます。バックアップのデータはiPhoneならiCloud、AndroidであればGoogleドライブを利用して行います。

ちなみにバックアップから履歴の復元がAndroidであればいつでも行えますが、iPhoneではアカウント引継ぎ時のみに可能です。

トークのバックアップ・データの作成方法

1 「トークのバックアップ」をタップする

メインメニュー「ホーム」→「設定」→「トークのバックアップ」（Androidは「トークのバックアップ・復元」）の順番にタップしてバックアップの画面を開きましょう。

2 「今すぐバックアップ」をタップする

はじめてバックアップを行うときはバックアップ画面が表示されます。「今すぐバックアップ」をタップしましょう。

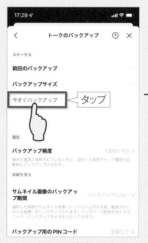

すでにバックアップデータがある場合はトークのバックアップ画面が表示されます。すぐにバックアップを取りたい場合は「今すぐバックアップ」をタップします。

3 PINコードを設定する

トーク履歴の復元の際に利用するPINコードを設定します。6桁の数字が設定可能ですので、自分の覚えやすいものを入力しましょう。入力が終わったら「→」をタップします。

4 AndroidはGoogleアカウントが必要

AndroidはGoogleアカウントとの連携が必要です。アカウント選択をタップして、連携するアカウントを選択します。あとは指示に従い、少し待てばバックアップ完了です。

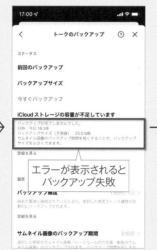

5 バックアップ先の容量に注意

バックアップ先であるiCloudやGoogleドライブの容量が足りないとバックアップを取ることができません。エラーメッセージが表示されるので確認しましょう。

6 バックアップの頻度を設定

「バックアップ頻度」をタップし、自動でバックアップする頻度を選択しておけば自動的にバックアップをしてくれるので、万が一の際も安心です。

7 バックアップから履歴を復元する

Androidは「復元する」からいつでも復元が可能です。iPhoneはアカウント引継ぎの際にバックアップを読み込むことで可能です。

インストール、アカウント設定と友だち登録

困ったを解決する便利機能のQ&A

Q. 万が一の災害時にもLINEは活用できるの?

A. 活用できる便利機能があるので覚えておきましょう。

いつ誰にでも起こり得る地震や台風などの大規模な災害。電話回線を使わずにインターネットさえあれば家族や友だちと連絡をとれるLINEはそんな災害時に、大きく役立ちます。「LINE安否確認」などの大規模災害発生時に提供される独自機能はもちろん、もともと備わっている機能を活用するだけでいざというときに大切な人との連絡をスムーズに行うことができるのです。本ページではその活用方法の一部を紹介していきます。

安否を知る・知らせる

震度6以上の地震など大規模な災害が発生すると、LINEのホームタブに「LINE安否確認」が表示されます。これをタップすることで友だちや家族に自分の安否を知らせたり、逆に安否の確認をしたりすることができます。

防災速報をLINEでチェック

「LINEスマート通知」の公式アカウントを登録。自分の住む地域などを登録することでその地域の災害情報をLINEトークで受け取ることが出来ます。地域は最大3地点まで登録可能です。

写真や位置情報で情報共有

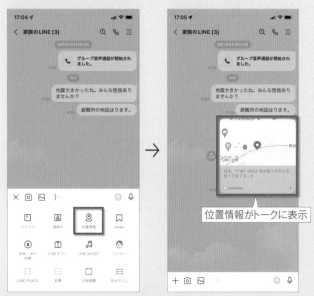

位置情報がトークに表示

災害は家族が同じ場所にいるときに起こるとは限りません。具体的な集合場所や実際の周りの情報などを、位置情報や写真をトークで送信することで情報の共有に役立てましょう。

重要なメッセージをアナウンス

トークの最上部にメッセージが固定

真っ先に知らせたい重要なメッセージは「アナウンス」機能を使って目立つように表示しましょう。避難場所や非常時の荷物、食料の位置など重要情報の共有には最適です。

LINEトーク&
スタンプ

P A R T

2

LINEトークで
メッセージを送る

　「トーク」は「トークルーム」と呼ばれる場所で行います。トークルームはメインメニュー「ホーム」から友だちを選ぶと作成できます。トークルームを作成すると友だちとトーク(メッセージ)のやり取りができるようになります。LINEのメイン機能でもある「トーク」はLINE操作の基本となるので、まずはトークにおけるメッセージのやり取りをしっかり覚えておきましょう。

「トークルーム」の画面構成を覚えよう

　トークに関する操作のほとんどはトークルームで行います。トークルームでは、自分が送信したメッセージは画面右側に緑の吹き出し、相手から送信されたメッセージは画面左側に白の吹き出しで表示されます。操作メニューはトークルーム画面の上下にそれぞれ配置され、初心者でも直感的に操作できるようアイコンで表示されています。アイコンをタップすると各操作メニューが表示され各操作を行うことができます。また、iPhone版LINEとAndroid版LINEの画面に違いはほとんどないので、どちらのユーザーでも端末に関係なく操作できます。

❶戻る
「トーク履歴」画面に戻ります。画面を右フリックしても「トーク履歴」画面戻ります。

❷トーク相手
トークの相手の名前が表示されます。

❸検索
キーワードを入力してトークを検索します。

❹無料通話/ビデオ通話
トーク画面から通話できます。

❺設定メニュー
通知のオン・オフやブロックなどの各種設定のほか、トークルームでやり取りした写真の一覧表示なども行えます。

❻メイン画面
画像や動画の送信、連絡先や位置情報など、自分と相手とのトークのやり取りが表示されます。自分のトークは画面右側に緑の吹き出し、相手からのトークは画面左側に白の吹き出しで表示されます。

❼トークメニュー
画像や動画の送信、連絡先や位置情報など、メッセージの送信以外のサブメニューが表示されます。

❽カメラ
端末の内蔵カメラが起動して、リアルタイムで撮影して送信できます。

❾画像/動画
端末に保存されている画像/動画の一覧が表示され、画像/動画を選んで送信できます。

❿メッセージ入力欄
ソフトウェアキーボードが表示され、メッセージ入力を行えます。送信できる最大文字数は1万文字です。

⓫スタンプ/絵文字
スタンプや絵文字、顔文字などの一覧が表示されます。初期状態では、4種類のスタンプが用意されています。

⓬マイク
音声メッセージを録音して友だちに送信できます。

友だちを選んでトークを始める

　LINEに登録した友だちと初めてトークを行う場合は、友だちのホーム画面から「トーク」をタップします。一度でも相手とメッセージの送受信を行っていれば、「トーク」画面に履歴として「トークルーム」が残ります。次回以降はトークルームを開き、トークを行うことが可能です。トークの基本は文字によるメッセージのやり取りです。メッセージを入力して送信すると画面上に吹き出しの形でメッセージが表示されます。友だちがメッセージを確認したかは「既読」マークにより判断することができます。友だちがメッセージを確認すると吹き出しに「既読」マークが付きます。

1 トークする友だちを選択してタップする

メインメニュー「ホーム」をタップして友だちリストを表示します。トークする友だちを友だちリストから選んでタップします。

2 プロフィール画面の「トーク」をタップ

手順1で選んだ友だちのプロフィール画面が表示されるので、「トーク」をタップすると「トークルーム」が作成されます。

3 トークルームでメッセージを送信

テキスト入力欄をタップするとキーボードが表示されるので、メッセージを入力して「送信」をタップします。

4 送信したメッセージがトークルームに表示

送信したメッセージは緑色の吹き出しで表示。相手が読むと「既読」が付く。

トークルームに送信したメッセージが画面右側に緑色の吹き出しで表示されます。相手が確認すると「既読」が付きます。

複数の友だちと同時にトークをしてみよう

　トークは1対1だけでなく、複数の友だちと同時に行う「グループトーク」も可能です。イベントの打ち合わせや連絡事項を一括で済ませられるなど大変便利な機能です。グループトークを行うには、「トーク履歴」の画面右上のアイコンをタップして、トークしたい友だちを複数選択します。次に「作成」をタップして複数人用のトークルームを作成します。基本的な操作は通常のトークと変わりませんが、メッセージが「既読」になった際に確認した人数が記される点やメンバーを追加できるなど、グループトークならではの機能が備わっています(*グループトークの詳細はP52〜55)。

1 メインメニューの「トーク」をタップ

メインメニュー「トーク」をタップして、「トーク」画面右上にあるアイコンをタップします。

2 「トーク」をタップする

トークルーム作成のメニューが表示されます。次に「トーク」をタップします。

3 トークする友だちを選んで「次へ」をタップ

トークしたい友だちすべてにチェックを入れます。友だちをチェックしたら「次へ」をタップします。

4 メッセージが表示され「既読」に数字が付く

選んだ友だちが表示される

メッセージを入力して送信

トークルームに友だちを招待した旨が表示されます。あとは通常のトークと同様にメッセージを入力して送信します。

iOS版LINEの文字入力の基本操作

iPhone／iPadのテンキーキーボード

❶トークメニュー表示
画像やカメラなどトークメニューが表示されます。

❷入力欄
入力した文字が表示されます。

❸スタンプ／絵文字
トークに使えるスタンプや絵文字の一覧が表示されます。

❹送信
入力欄に表示された文字を送信します。

❺予測変換
入力した文字の予測変換候補が表示されます。

❻文字送り
「ああ」など同じ文字を重ねて入力する際に1文字送ります。

❼キーボード
キーボードの入力するキーを複数回タップするか、入力するキーをロングタップして入力する文字がある方向へフリックすると入力できます。

❽×（1字消す）
入力した文字を1文字消します。

❾逆順
「う→い→あ」というように入力した文字を逆順で表示できます。

❿空白
1字分スペースを入力できます。

⓫文字入力切り替え
「かな入力から数字入力」などキーボードの入力表示を切り替えることができます。

⓬改行
入力欄で次の段落へ改行できます。

⓭キーボード切り替え
「テンキーキーボードからPCキーボード」などキーボードの種類を切り替えることができます。

⓮音声入力
音声入力できます。

トグル入力で文字を入力

トグル入力の場合は、キーボードの入力するキーを複数回タップ（例えば「い」なら「あ」を2回タップ）して入力する文字を決定、「確定」をタップして入力完了です。

フリック入力で文字を入力

フリック入力の場合は、入力するキーを長押しすると入力の方向キーが表示されるので、入力する文字がある方向へフリックして決定、「確定」をタップして入力完了です。

入力する文字に濁点を付ける

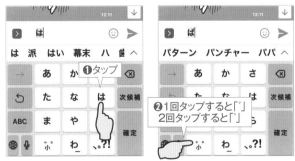

濁点が必要な文字を入力後に「濁点」キーを1回タップすると「゛」、2回タップすると「゜」が付きます。

入力した文字を消す

入力した文字もしくは入力途中の文字を消す場合は「×」をタップすると入力した文字が一字消えます。消したい文字数だけ「×」をタップします。

直接変換

❶タップ

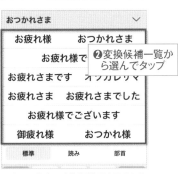

❷変換候補一覧から選んでタップ

入力した文字の変換候補が表示されたら「V」をタップします。直接変換候補が一覧表示されるので、直接変換の候補から選んでタップすると文字が変換されて入力されます。

予測変換

❷選んだ候補が入力される

❷左右にスワイプして変換候補を選んでタップ

入力した文字の変換候補が表示されたら「予測」タブをタップします。予測変換の候補から選んでタップすると予測変換されて入力されます。「V」をタップすると予測変換候補が一覧表示されます。

アルファベットを入力する

1回タップ

半角スペース入力

「文字入力切替」を1回タップすると入力モードがアルファベットに切り替わります。「空白」キーで半角スペース、「a/A」キーで大文字小文字の切り替えができます。

数字を入力する

2回タップ

「」や[]など入力
「／」や「-」など入力

「文字入力切替」を2回タップすると入力モードが数字に切り替わります。「0」キーの左のキーで「」や[]、右のキーで「／」や「-」などの記号が入力されます。

顔文字を入力する

❶タップ

❷顔文字を選んでタップ

「顔文字」キーをタップすると顔文字の予測変換が表示されます。予測変換の「V」をタップすると顔文字の一覧が表示されるので、入力する顔文字を選んでタップします。

絵文字を入力する

❸タップして戻る
❶1回タップ

❷絵文字を選んでタップ

「キーボード切り替え」を1回タップすると絵文字の一覧が表示されるので、入力する絵文字を選んでタップします。絵文字入力後、「キーボード切り替え」をタップするとキーボードが元に戻ります（QWERTY配列キーボードになる場合もあります）。

Android版LINEの文字入力の基本操作

Androidスマホ／タブレットのテンキーキーボード

❶トークメニュー
LINEトーク作成に関するメニューが表示されます。

❷スタンプ／絵文字
トークに使えるスタンプや絵文字の一覧が表示されます。

❸入力欄
入力した文字が表示されます。

❹送信
入力欄に表示された文字を送信します。

❺予測変換
入力した文字の予測変換候補が表示されます。

❻ツール
キーボードツールバーの表示／非表示を切り替えます。

❼キーボード
キーボードの入力するキーを複数回タップするか、入力するキーをロングタップして入力する文字がある方向へフリックすると入力できます。

❽×（1字消す）
入力した文字を1文字消します。

❾←（1字戻る）
入力した文字の1文字前に戻ります。

❿→（1字進む）
入力した文字の1文字先に進みます。

⓫記号／顔文字／絵文字
記号／顔文字／絵文字の入力候補が表示されます。

⓬空白
1字分スペースを入力できます。

⓭文字入力切り替え
「かな入力から数字入力」などキーボードの入力表示を切り替えることができます。

⓮改行
入力欄で次の段落へ改行できます。

トグル入力で文字を入力する

トグル入力の場合は、キーボードの入力するキーを複数回タップ（例えば「い」なら「あ」を2回タップ）して入力する文字を決定、「確定」をタップして入力完了です。

フリック入力で文字を入力する

フリック入力の場合は、入力するキーを長押しすると入力の方向キーが表示されるので、入力する文字がある方向へフリックして決定、「確定」をタップして入力完了です。

入力する文字に濁点を付ける

トグル入力の場合は、濁点が必要な文字を入力後に「濁点」キーを1回タップすると「゛」、2回タップすると「゜」が付きます。

フリック入力で濁点を付ける

フリック入力の場合は、濁点が必要な文字を入力後に「濁点」キーを長押しして、右へフリックで「゛」、左にフリックで「゜」が付きます。

入力した文字を消す

1回タップすると1文字削除

消したい文字数分だけタップ

入力した文字もしくは入力途中の文字を消す場合は「×」をタップすると入力した文字が一字消えます。消したい文字数分だけ「×」をタップします。

記号／顔文字／絵文字を入力する

❶タップ

❷選んでタップ

一覧表示する時はタップ

「記号」キーをタップして、記号／顔文字／絵文字タブのいずれかをタップします。表示された入力候補から記号／顔文字／絵文字を選んでタップします。「∨」をタップすると一覧表示されます。

直接変換で文字を変換する

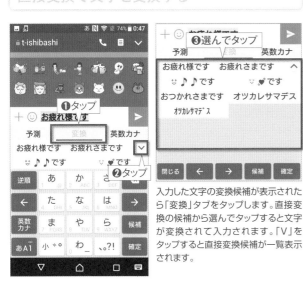

❶タップ

❷タップ

❸選んでタップ

入力した文字の変換候補が表示されたら「変換」タブをタップします。直接変換の候補から選んでタップすると文字が変換されて入力されます。「∨」をタップすると直接変換候補が一覧表示されます。

予測変換で文字を変換する

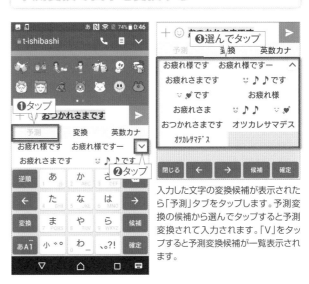

❶タップ

❷タップ

❸選んでタップ

入力した文字の変換候補が表示されたら「予測」タブをタップします。予測変換の候補から選んでタップすると予測変換されて入力されます。「∨」をタップすると予測変換候補が一覧表示されます。

アルファベットを入力する

❶1回タップ

❷大文字／小文字切り替え

❸半角スペース入力

「文字入力切替」を1回タップすると入力モードがアルファベットに切り替わります。「スペース」キーで半角スペース、「1」キーでハイフンなどの記号が入力されます。

数字を入力する

❶2回タップ

❷タップ

「文字入力切替」を2回タップすると入力モードが数字に切り替わります。「0」キーの左のキーで「:」や「／」、右のキーで「¥」や「#」などの記号が入力されます。

LINEトークで「スタンプ」を送る

　「スタンプ」は、トーク機能の魅力を引き出す特徴のひとつで、LINEトークを象徴する機能です。ユニークなイラストやキャラクターのスタンプは、文章や絵文字では伝えきれない機微なニュアンスもひと目で伝えることができます。また、手軽に送信することができるのも魅力のひとつです。文章を書くのが苦手な人にオススメの機能です。

標準搭載されているスタンプをダウンロードする

1 テキスト入力欄横の「顔」をタップ

テキスト入力欄横の「顔」アイコンをタップすると、スタンプの選択画面が表示されます。

2 初期搭載されたスタンプを選択

画面下部から初期搭載されているスタンプを選択して、「ダウンロード」をタップします。

3 スタンプをダウンロード

「マイスタンプ」から一括ダウンロードもできます。個別の場合は、スタンプ情報から入手します。

4 ダウンロード完了でスタンプが使用可能

ダウンロード後にスタンプが使用可能になります。あとはスタンプを送信してトークを楽しみましょう。

「スタンプ」の基本的な使い方をマスターする

1 テキスト入力欄の「顔」をタップ

トークルームのテキスト入力欄にある「顔」アイコンをタップするとスタンプの選択画面が表示されます。

2 スタンプを一覧から選ぶ

❶キャラクターを選ぶ
❷送信するスタンプをタップ

画面下部からキャラクターを選び、利用したいスタンプをタップするとプレビューが表示されます。

3 選んだスタンプを友だちに送信する

友だちに送信するスタンプが決まったら「送信」をタップするとスタンプは送信されます。

4 トークルームにスタンプが表示

送信したスタンプが表示

トークルームに送信したスタンプが表示されます。さまざまな種類のスタンプがあるので、いろいろと試してみましょう。

スタンプのプレビューをオフにする

　動くスタンプやしゃべるスタンプに加え、画面を飛び出してアニメーションするポップアップスタンプなどLINEにはさまざまなスタンプがありますが、それら特殊なスタンプを画面でプレビューしていると、わずらわしいと感じることがあります。そんなときは、「ホーム」から設定画面を開いて、

スタンプのプレビュー設定をオフにすれば、スタンプを選択するだけでトークに送信されるようになります。ただし、送信ミスをする可能性も上がってしまうので、自分の使い勝手に合わせてプレビュー設定のオン・オフを臨機応変に行いましょう。

1 「ホーム」→「設定」を順番にタップする	2 「スタンプ」をタップする	3 「スタンププレビュー」をオフに設定する	4 タップするだけでスタンプが送信

メインメニュー「ホーム」→「歯車（設定）」を順番にタップして、「設定」画面を開きます。

「設定」画面が開いたら、設定項目の一覧から「スタンプ」を選んでタップします。

スタンプの設定画面が開いたら「スタンププレビュー」をオフにします。

これでスタンププレビューが非表示になり、スタンプを選択するだけでトークに送信されるようになります。

スタンプの予測候補を表示する「サジェスト機能」を無効化する

　LINEトークでは、入力したテキストの内容に対応して、スタンプの候補を自動的に予測して画面に表示する予測変換のような「サジェスト機能」が搭載されています。思いがけないスタンプや絵文字を発見できる一方で、「有料スタンプが表示され広告のようだ」「いちいち画面に表

示されるのがわずらわしい」と感じるユーザーも少なくないようです。「サジェスト機能」が不要なユーザーは、LINEの「設定」画面から「トーク・通話」を開き、「サジェスト表示」をタップして、サジェスト機能を無効に設定しましょう。

1 スタンプや絵文字の予測候補が表示	2 「サジェスト表示」をタップする	3 「サジェスト表示」をオフに設定する	4 テキスト入力しても予測候補が現れない

初期設定のままだとトークルームでテキスト入力を行うと、スタンプなどの予測候補が表示されます。

メインメニュー「ホーム」→「設定」→「トーク」→「サジェスト表示」を順番にタップします。

スライドボタンを操作してオフに設定すればサジェスト機能は無効化されます。

サジェスト機能が無効になると、テキストを入力してもスタンプの予測候補は表示されなくなります。

スタンプショップを利用する

もっとLINEスタンプを使いたい、もっとLINEスタンプが欲しいと思ったら、スタンプショップでLINEスタンプを探してみましょう。スタンプショップでは「公式」「クリエーター」の2種類のLINEスタンプが配信されています。スタンプショップで配信されているLINEスタンプの中から自分のお気に入りを見つけてみましょう。

スタンプショップのアクセス方法と画面構成

スタンプショップは直感的に操作できるシンプルな画面構成になっています。スタンプショップへのアクセスはメインメニュー「ホーム」から「スタンプ」アイコンをタップします。トーク画面から直接表示させることもできます。

1 「ホーム」をタップする

LINEのメインメニュー「ホーム」をタップします。

2 「スタンプ」をタップする

「ホーム」画面が表示されたら「スタンプ」をタップします。

3 スタンプショップが表示される

スタンプショップのトップ画面が表示されます。

4 トーク画面から直接表示する

スタンプショップはトーク画面のスタンプ一覧の「ショップ」アイコンをタップしてもアクセスできます。

スタンプショップの画面構成

❶検索ボックス
「検索欄にキーワードを入力して、スタンプを検索できます。

❷「スタンプ」設定
設定画面が開きます。設定画面は、LINEの「設定」からも開くことができます。

❸ジャンルタブ
「人気」「新着」「イベント」「カテゴリー」などに表示を切り替えできます。

❹もっと見る
各ジャンルの詳細ページが表示されます。このページは、ジャンルタブからも開けます。

「人気」タブ

「新着」タブ

「無料」タブ

LINE専用通貨 LINEコインをチャージする

　「LINEコイン」は、このあとで解説する有料スタンプの購入などに利用します。チャージするには、LINEの「設定」から「コイン」を選び、「チャージ」をタップしてチャージします。最小70コイン(170円)からチャージができ、iPhoneはApp Store経由、AndroidはPlayストア経由でチャージ代を支払います。

iPhone／iPadはApp Store経由、AndroidはPlayストアでチャージする

1 「ホーム」→「設定」を順番にタップする

メインメニュー「ホーム」→「設定」を順番にタップして、LINEの設定画面を開きます。

2 LINEの設定画面の「コイン」をタップ

LINEの設定画面の「コイン」をタップして、「コイン」画面を開きます。

3 「チャージ」をタップする

「コイン」画面の右上にある「チャージ」をタップします。

4 チャージする金額をタップ

チャージする金額を選んでタップします。620コイン以上のチャージからボーナスが付属されます。

5 iPhone／iPadはApp Storeでチャージ

iPhone／iPadはApp Store経由でLINEコインのチャージ金額を支払います。

6 AndroidはPlayストア

Androidスマホ／タブレットはPlayストア経由でLINEコインのチャージ金額を支払います。

POINT App StoreとPlayストアの支払いの設定方法の確認

　App StoreやPlayストアなどのアプリストアの支払い方法の設定や確認はスマートフォンから行えます。iPhone／iPadは「設定」アプリを起動して、設定画面の「ユーザー名」→「支払いと配送先」を順番にタップします。AndroidはPlayストアを起動して、画面右上アカウントアイコン→「お支払いと定期購入」を順番にタップして、支払い方法を確認・設定します。

iPhone／iPadは「設定」アプリを起動して、「ユーザー名」→「支払いと配送先」→「お支払い方法を追加」を順番にタップします。

AndroidはPlayストアの画面右上アカウントアイコン→「お支払いと定期購入」を順番にタップします。

スタンプショップから
スタンプを手に入れる

　スタンプショップでは無料／有料の2種類のスタンプが配信されています。無料スタンプは企業アカウントを友だち追加するなど一定の条件をクリアすれば利用可能になるもので、有効期限付きで無料で使えるものです。有料スタンプは「LINEコイン」という仮想通貨をチャージして購入するもので購入した有料スタンプは無期限で使えます。

スタンプショップから無料スタンプをダウンロードする

1 「無料」をタップする

「無料」タブをタップします。欲しいスタンプを見つけたらタップします。

→

2 入手条件をチェックする

このスタンプの入手条件の「友だちを追加して無料ダウンロード」をタップします。

→

3 スタンプのダウンロードが完了

ダウンロードは数秒で完了します。ダウンロードが完了したら「OK」をタップします。

→

4 マイスタンプに追加される

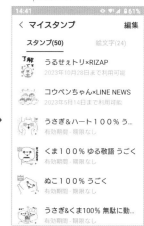

「トーク」や「設定」のマイスタンプ一覧にダウンロードしたスタンプが追加されます。

スタンプショップから有料スタンプをダウンロードする

1 スタンプショップで有料スタンプを探す

メインメニュー「ホーム」→「スタンプ」をタップして、スタンプショップを開きます。

→

2 欲しいスタンプをタップする

購入に必要なコインが表示されているのが有料スタンプです。欲しいスタンプを見つけたらタップします。

→

3 「購入する」をタップする

購入に必要なコイン数やプレビューを確認して「購入する」をタップします。

→

4 「OK」をタップする

「OK」をタップすると購入が完了してスタンプのダウンロードが始まります。

P
A
R
T
2

マイスタンプで LINEスタンプを管理する

　LINEスタンプには魅力的なスタンプがたくさんありますが、ダウンロードしたスタンプの数が増えてくるといざ使いたいときに探すのが大変です。ダウンロードしたスタンプは「マイスタンプ」で管理することができます。期限切れの無料スタンプを削除したり、よく使うスタンプを並び替えたり、スタンプを整理してみましょう。

使わないスタンプを削除する

1 「設定」を
タップする

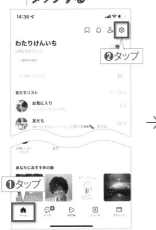

メインメニュー「ホーム」を開いて「設定」アイコンをタップします。

2 マイスタンプ編集
画面を開く

設定画面の「スタンプ」→「マイスタンプ編集」を順番にタップします。

3 削除したい
スタンプを選ぶ

マイスタンプ編集の画面が開くので、削除したいスタンプの左の「−」アイコンをタップします。

4 スタンプを
削除する

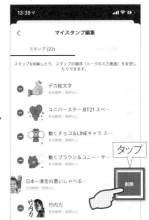

スタンプの右側の「削除」をタップします。ダウンロード済のスタンプはいつでも再表示可能です。

削除したスタンプを復活させる

1 マイスタンプ編集
画面を開く

メインメニュー「ホーム」→「設定」→「スタンプ」→「マイスタンプ」の順番にタップします。

2 スタンプを
再ダウンロード

マイスタンプの下部に削除したスタンプが並んでいます。右側のアイコンをタップすればスタンプが再ダウンロードされ復活します。

よく使うスタンプを並び替える

1 マイスタンプ編集
画面を開く

メインメニュー「ホーム」→「設定」→「スタンプ」→「マイスタンプ編集」の順番にタップをします。

2 スタンプを
並び替える

スタンプの右側の「三」をタップして上下に並び変えます。

LINEトークで画像や動画、位置情報などを送信する

LINEトークではメッセージだけではなく、端末に保存した写真や動画も送信できます。友だちと気軽に写真や動画のやりとりができるほか、端末のカメラ機能を利用して、その場で撮影した写真や動画をリアルタイムで友だちに送信できます。ただし、撮影できる動画の最長時間は5分で、5分1秒以降は自動的にカットされるので注意が必要です。

スマートフォンに保存されている画像や動画を送信する

1 「画像／動画」をタップする

メッセージ入力欄の左側の「画像／動画」アイコンをタップして、送信する画像／動画をタップします。

2 画像を複数枚選んだ場合は…

複数の画像／動画を選んだ場合はナンバリング表示され、タップした順番で送信されます。

3 動画は送信前に編集できる

動画は送信前に編集することができます。編集する場合は各種アイコンをタップして編集しましょう。

4 「送信」をタップする

画像／動画をすべて選んだら「送信」をタップすると送信完了します。

スマートフォンで写真や動画を撮影して送信する

1 「カメラ」をタップする

メッセージ入力欄の左側にある「カメラ」アイコンをタップするとスマートフォンの内蔵カメラが起動します。

2 撮影モードを切り替える

カメラアプリの撮影モードを写真もしくは動画に切り替えて撮影を開始します。

3 撮影した写真や動画は編集できる

撮影した写真や動画は送信前に編集することができます。編集する場合は各種アイコンをタップします。編集が終わったら完了をタップします。

4 「送信」をタップする

画像／動画の編集が完了したら「送信」をタップして送信完了です。

自分の位置情報や、登録している連絡先を送信する

　LINEトークでは画像などのファイルのほかに、スマートフォンのGPS機能を使って位置情報や、スマートフォンやLINEに登録している連絡先も送信できます。自分の現在地をリアルタイムで友だちに知らせたり、LINEでつながっている友たちにほかのLINEの友だちを教えたりすることができるので覚えておくと大変便利な機能です。ただし、位置情報の送信はスマートフォンのGPS機能と連動しているので、スマートフォンの位置情報サービスがオフになっていると利用できません。位置情報サービスは事前に設定を確認して、オンにしておきましょう。

1 入力欄の左側の「＋」をタップ

メッセージ入力欄の左側の「＋」をタップします。

2 位置情報の送信は「位置情報」をタップ

位置情報を送信する場合は「位置情報」をタップします。地図アプリが起動して現在地が表示されるので「送信」をタップします。

3 連絡先の送信は「連絡先」をタップ

連絡先を送信する場合は「連絡先」をタップします。LINEの連絡先かスマホの連絡先を選んでタップして、連絡先の一覧から送信する連絡先を選んでタップします。送信できる連絡先は複数選択できるので、すべて選んだら「送信」をタップします。

スマートフォンに保存した写真／動画以外のファイルを送信する

　LINEトークではスマートフォンに保存した写真や動画以外のファイルも送信できます。送信できるファイルはPDFファイルからワードやエクセルなどのオフィスファイル、メモ帳などのテキストファイルまで端末に保存されているファイルであればさまざまなファイルを送信できます。ただし、iPhoneとAndroid端末で操作手順が違うので注意が必要です。ここではiPhoneでの操作手順を中心に解説します。

1 入力欄の左側の「＋」をタップ

メッセージ入力欄の左側の「＋」→「ファイル」を順番にタップします。

2 iPhoneは保存先フォルダから、Androidは一覧から送信するファイル選ぶ

iPhoneは送信するファイルが保存されている保存先を一覧から選んでタップします。Androidは保存されているファイルの一覧が表示されるので、送信するファイルを選んでアップします。

3 送信するファイルを選んでタップする

送信するファイルを選んでタップして「送信」をタップします。

LINEの通知設定を変更する

通知設定を変更すれば、受信したトークを見逃さずチェックできます。通知設定には、スマートフォン本体の設定とLINEの設定があるので、このふたつの設定を組み合わせて自分の使用環境に合った「通知」にカスタムすることが可能です。設定の働きを理解して、自分用の「通知」を設定してみましょう。

iPhone／iPadの通知設定を変更する

1 LINEアプリの通知設定を変更

まずはLINEアプリの設定を確認しましょう。LINEアプリの「ホーム」→「設定」→「通知」の順にタップをします。

2 「通知」をオンにする

通知が「オン」になっていることを確認します。これで端末の設定に応じてLINEの通知が届きます。

3 端末の設定画面を開く

iPhone本体の「設定」→「通知」→「LINE」の順にタップをし、LINEの通知設定画面を開きます。

4 端末の通知設定を行う

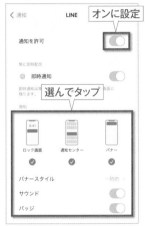

「通知を許可」をオンにして、通知欄で好みの通知方法を選んでオンに設定をしましょう。

Androidの通知設定を変更する

1 LINEアプリの通知設定を変更

まずはLINEアプリの設定を確認しましょう。LINEアプリの「ホーム」→「設定」→「通知」の順にタップをします。

2 「通知」をオンにする

通知が「オン」になっていることを確認します。ポップアップ通知を利用する場合は、「メッセージ通知」をタップして「ポップアップ」をオンにします。

3 端末の設定からLINE情報を開く

Android本体の「設定」→「アプリと通知」→「LINE」の順にタップをし、LINEのアプリ情報画面を開きます。

4 LINEの通知を設定する

アプリ情報画面が開いたら「通知」をタップ。通知したい項目にチェックを入れれば設定完了です。

特定のトークルームからの通知を停止する

　大人数が参加しているグループトークや公式アカウントから頻繁に通知が届いたとき、使用環境やタイミングによってはそれらの通知がわずらわしく感じることもあるかと思います。そんなときは特定のトークルームからの通知を一時停止してみましょう。「ブロック」と異なり、通知のみが停止されるのでメッセージの送受信は問題なく行えます。また、LINEのアイコンバッジやトーク履歴に未読があることを示す数字も表示されます。通知を停止しているトークルームには消音されたスピーカーのようなアイコンが付くので解除を忘れることもありません。

1	通知を停止したい トークルームを開く	2	トークルーム右上から 設定メニューを表示	3	メニュー内の 「通知オフ」をタップ	4	トークルームの 通知がオフになる

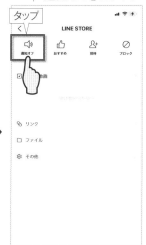

メインメニューの「トーク」をタップして、トーク履歴画面を表示。通知を停止するトークルームを開きます。

トークルームを表示したら、画面右上のアイコンをタップして、「設定メニュー」を表示します。

表示された設定メニューの「通知オフ」をタップすると、このトークルームからの通知は停止されます。

通知がオフのときはトークルーム名の横にアイコンが表示されます。解除は「通知オン」をタップします。

通知サウンドを自分が気付きやすい音に変更する

　LINEの着信音、いわゆるメッセージなどを受信した際の通知サウンドは変更することができます。LINEの通知サウンドを初期設定のままで使っていると、他人と同じ通知サウンドとなってしまう可能性も大いにあります。また、人によって音質の高低による聞こえやすい音、聞こえにくい音も異なっています。自分が気づきやすい通知サウンドに変更してみましょう。LINEの通知サウンドはデフォルトで設定されているサウンドを含めて、全14種類が用意されています。使用環境や使用状況に合わせて通知音を変更してみましょう。

1	「ホーム」から 「設定」をタップ	2	「設定」画面内から 「通知」をタップする	3	「通知サウンド」を タップする	4	通知サウンドを リストから選択する

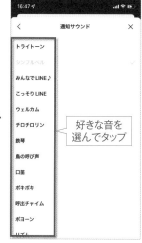

メインメニューの「ホーム」から「設定」を選択してタップします。LINEの設定画面を表示します。

表示された「設定」画面から「通知」を選んでタップ、「通知」の設定画面を表示します。

画面上部の「通知」がオンになっていることを確認して、「通知サウンド」の項目をタップしてサウンドを表示します。

全14種類のサウンドが用意されています。タップするとサンプル音を聞くことが可能です。好きなサウンドに設定しましょう。

受信したLINEトークに返信する

　LINEトークはテキストのほかにもスタンプや写真などを受信できます。LINEで受信したトークは、このページで紹介する各種方法で素早く確認することが可能です。受信したトークをトークルームで確認すると送信相手に「既読」が付きます。また、受信したメッセージを転送したり、写真を保存することなどができます。

LINEトークを受信したときの通知パターン

1 LINEアイコンに未読数バッチが付く

未読数が数字で表示

受信したトークの未読数がLINEアイコン右上に数字で表示されます。トークの受信を確認できると同時に未読数を把握することもできます。

→

2 「トーク履歴」に未読数バッチが付く

メインメニュー「トーク」アイコンと未読のトーク履歴にバッチが付く

メインメニュー「トーク」では、受信した未読トーク数を確認できます。メインメニューの「トーク」アイコンには未読総数が表示されます。

→

3 ホーム画面で通知を受け取る

LINEの通知設定によってはホーム画面で受信したトークを「通知」として確認できます。

→

4 ロック画面で通知を受け取る

LINEの通知設定によってはロック画面でも受信したトークを「通知」として確認できます。

「トーク履歴」の画面構成

❶並べ替え
トーク履歴の並び順を変更できます。タップして「受信時間」「未読メッセージ」「お気に入り」から順番に並び替えたいものをタップしましょう。

❷編集
削除や非表示など、トークリストの編集を行うことができます。Android版では並び替えもこのボタンから行います。

❸オープンチャット作成
「オープンチャット」を作成することができます。オープンチャットは、友だち以外ともトークや情報交換ができる機能です。

❹トークルーム作成
「トーク」「グループ」「オープンチャット」を選択して新規でトークルームを作成します。

❺検索
キーワードを入力して、友だちやトーク内のメッセージを検索することができます。

❻QRコードリーダー
QRコードリーダーが起動します。

❼未読数バッジ
トークルーム内に未読メッセージがある場合、未読数が表示されます。

受信したトークを確認する

1 LINEアイコンをタップする

タップ

LINEトークを受信すると未読数がLINEアイコン右上に数字で表示されるので、LINEアイコンをタップしてLINEを起動します。

2 バッジが付いた履歴をタップ

❷タップ
❶タップ

メインメニュー「トーク」をタップして、未読数バッジが付いているトーク履歴をタップします。

3 メッセージを確認する

受信したメッセージを確認します。あとは通常のLINEトークと同じようにメッセージを入力して返信します。

4 トーク履歴のバッジが消える

バッジが消える
未読数が減る

受信したトークを確認すると、「トーク」アイコンの未読数が減り、トーク履歴のバッジが消えます。

iPhone／iPadのバナー通知から返信する

1 バナー通知を下へスワイプ

バナー通知を下へスワイプ

ホーム画面の上部やロック画面に表示されたLINEのバナー通知を下へスワイプします。

2 操作メニューの「返信」をタップ

タップ

バナー通知の操作メニューが表示されるので、「返信」をタップします。

3 メッセージを入力して送信する

❶メッセージを入力 ❷タップ

メッセージを入力して「送信」をタップすると返信メッセージの送信が完了します。

4 返信しないでトークを確認する

タップでトークルームを開く

バナー通知をタップするとトークルームが直接開きます。

Androidスマホ／タブレットのポップアップ通知から返信する

1 ポップアップの「返信」をタップ

タップ

ホーム画面の上部やロック画面に表示されたLINEのポップアップ通知の「返信」をタップします。

2 返信メッセージを入力する

メッセージを入力

メッセージが入力できるようになるので、メッセージ入力欄に返信メッセージを入力します。

3 「＞」をタップして送信完了

タップ

返信メッセージの入力が終わったら、「＞」をタップするとメッセージは送信されます。

4 返信しないでトークを確認する

タップ

ポップアップ通知をタップするとトークルームが直接開きます。

複数の友だちと グループトークする

　LINEでは複数の友だちとグループを作成してトークする「グループトーク」という機能もあります。グループトークでは、複数人でチャットのほか、無料通話したり、写真や動画などを共有できたりします。複数の友だちと旅行の計画を立てたり、飲み会のセッティングをしたりする際に利用すると便利な機能です。

グループを作成して友だちを「グループトーク」に招待する

1 「グループ作成」をタップする

メインメニューの「ホーム」をタップします。ホーム画面が表示されたら「グループ」→「グループ作成」をタップします。

2 グループに招待する友だちにチェック

グループに招待したい友だちにチェックを付けます。選択が終わったら「次へ」をタップします。

3 グループアイコンをタップしてグループアイコンを設定する

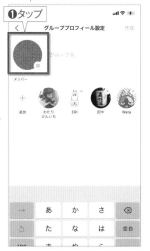

グループ作成画面のグループアイコンをタップして、アイコン一覧からグループアイコンを選んでタップします。「写真を撮る」をタップすると撮影画像、「アルバム」をタップすると保存画像からグループアイコンを設定できます。

4 グループトークのグループ名を入力

テキスト入力欄をタップして、グループトークのグループ名を入力します。

5 グループ作成画面の「+」をタップする

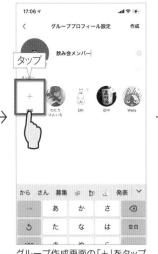

グループ作成画面の「+」をタップするとグループの友だちを追加することができます。

6 「作成」をタップしてグループを作成する

画面右上の「作成」をタップするとグループが作成されます。

7 グループが作成される

作成されたグループのトップが表示されます。「トーク」をタップしてグループトークを始めましょう。

P A R T 2

グループトークで複数の友だちとトークしてみよう

作成したグループに招待した友だちが参加したら、グループトークの開始です。グループトークのトークルームでは、メンバーの参加やプロフィール画像の変更などの行動がアナウンスされる以外は通常のトークと同様にメッセージやスタンプ、写真、動画の送受信が行えます。グループ参加メンバーは全員、グループに対しての管理権限を有しているので、メンバーなら新しい友だちの招待や強制退会を行うことができます。

1 | グループトークを開始する

❶タップ　❷グループを選んでタップ

「ホーム」→「グループ」をタップしてリストの中からトークをしたいグループを選んでタップします。

2 | トークルームを開く

仲良しメンバー
タップ

初回は「トーク」をタップします。あとは通常のトークと同様に操作しましょう。

3 | グループでの変更はトークに表示される

メンバーの動向が表示される

メンバーの参加や退会などの変更情報は、トークルーム内に半透明のメッセージで通知されます。

4 | グループへの参加メンバーを確認

❶タップ
❷参加メンバーが表示される

画面上部のトークルーム名をタップすると、現在グループに参加しているメンバーを確認できます。

グループのメンバーと「グループ通話」を行う

グループトークでは、グループに参加している複数のメンバーで「グループ音声通話」を行うことができます。最大500人のメンバーと同時通話が可能です。トークルームで「グループ音声通話」を実行すると、メンバーには通知が届き、トークに「グループ音声通話」参加リンクが表示されます。この際、通常の無料通話のように呼び出し画面は現れず、呼び出し音も鳴りません。また、トークに表示される参加リンクのメッセージには既読マークが付きません。グループ通話参加後の基本的な操作は「無料通話」と同じです。

1 | グループトークを開始する

仲良しメンバー (2)
タップ

「ホーム」→「グループ」をタップしてリストの中からトークをしたいグループを選んでタップします。

2 | 「電話」アイコンから「音声通話」を選択

❷タップ　❶タップ

トークルームの「電話」→「音声通話」を順番にタップします。トークルームに「グループ音声通話」のリンクが送信されます。

3 | 「グループ音声通話」のリンクから通話に参加

タップ

受信した側は表示されたメッセージの「参加」をタップすることで「グループ音声通話」に参加できます。

4 | 複数のメンバーと同時通話が可能

通話に参加しているメンバーが表示される

複数メンバーと同時通話が可能です。基本的な操作は「無料通話」と同じです。

グループに新しいメンバーを追加する

グループトークに新しいメンバーを追加したい場合は、友だちをグループに招待します。友だちの招待は、グループに参加しているメンバーなら誰でも行うことが可能です。トーク画面の右上から「設定メニュー」を開き、「招待」をタップして表示される画面からグループへの招待を行います。

1 「招待」を タップする

グループのトークルーム内から「設定メニュー」を開き、「招待」をタップします。

2 招待したい友だちに チェックを付ける

グループに招待したい友だちにチェックを付けます。選択が終わったら、画面右上の「招待」をタップします。

メンバーをグループから退会させる

グループトークでは自分がグループから退会するだけでなく、参加しているメンバーを強制的に退会させることも可能です。強制退会はグループに参加しているメンバーなら誰でも行うことができます。あまり推奨はできませんが、トラブル解決の手段のひとつとして覚えておきましょう。

1 「メンバー」を タップする

グループのトークルームから「設定メニュー」を開き、「メンバー」をタップすると参加しているメンバーが表示されます。

2 「編集」を タップする

画面右上の「編集」をタップします。退会させたいメンバーの左にある「－」をタップして「削除」で強制退会させることができます。

グループ名やプロフィール画像はいつでも編集できる

作成したグループの名前やアイコンとなるプロフィール画像は好きな時に変更できます。また、「グループトーク」では、参加しているメンバー全員がいわゆる「管理権限」をもち、グループの編集や各種変更を行うことが可能です。登録しているグループ数が増えても判別しやすいように、初期の段階でしっかり設定しておくことがおすすめです。参加している友だちが変更後も混乱しないような名称が望ましいでしょう。

1 トークルームを開き 「設定」をタップする

グループのトークルーム内から「設定メニュー」を開き、「その他」をタップすることでグループの編集ができます。

2 プロフィール画像を 変更する

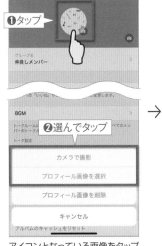

アイコンとなっている画像をタップして、表示された「カメラで撮影」「プロフィール画像を選択」を選んで画像を設定しましょう。

3 グループの名前を 変更する

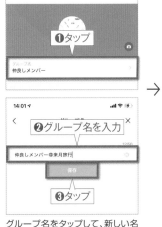

グループ名をタップして、新しい名前をテキスト入力欄に入力して「保存」をタップすると名称が変更されます。

4 トークやメンバー に影響なし

プロフィール画像やグループ名を変更しても、トークルーム内のトークや招待したメンバーに影響はありません。

グループで「ノート」を共有する

グループトークで情報をやりとりしていると、大切な連絡がいつの間にか埋もれてしまうことがあります。そんなときに「ノート」機能を活用することで、大切な情報をグループ内で共有することができます。ノートで共有できるのは、テキストやスタンプ、画像、URLリンク、位置情報、音楽のほか、アルバムには追加できない動画も保存しておくことができます。グループ内での重要な情報はノートに保存しておきましょう。

1 グループトークの設定を開く

「ノート」を作成するグループトークの「三」をタップして設定画面を開きます。

→

2 「ノート」をタップする

グループトークの設定画面の「ノート」をタップします。

→

3 「ノートを作成」をタップする

「ノート」画面が開いたら「ノートを作成」をタップしてノートの作成画面を開きます。

→

4 内容を入力して「投稿」をタップ

今月の戦利品。ブリーフ団コンプリート。

テキストやスタンプ、画像、動画など共有したい内容を入力して「投稿」をタップするとノートの作成は完了です。

グループでイベントを設定する

「イベント」機能とはグループ内で予定をカレンダー登録できる機能です。イベントの日時を設定して、予定の期日に近づくと通知することができます。また、設定したイベントへの参加可否を確認できる項目もあるので、グループ内で参加者の確認や、複数日程のイベントの日程調整などもできます。

1 「＋」をタップして作成画面を開く

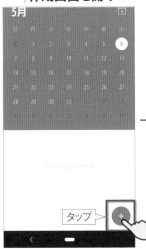

イベントを設定するグループトークの「三」→「イベント」→「＋」を順番にタップしてイベント作成画面を開きます。

→

2 「完了」をタップしてイベントを作成

イベント内容を入力して「完了」をタップするとイベントの作成は完了します。

グループで「アルバム」を共有する

LINEトークに送信した写真は、一定期間が過ぎると閲覧・保存ができなくなりますが、「アルバム」機能を利用して写真を共有すると無期限で閲覧・保存ができるようになります。グループ内での写真のやりとりや共有したい写真があったときなどは「アルバム」機能を利用してグループ内で共有しましょう。

1 「アルバム作成」をタップする

イベントを設定するグループトークの「三」→「アルバム」→「アルバム作成」を順番にタップしてアルバム作成画面を開きます。

→

2 写真を選んで「作成」をタップ

ミカルさん展示会

アルバムで共有する写真をすべて選んで「作成」をタップするとアルバムの作成は完了です。

トークルームの
文字サイズを変更する

　LINEの画面表示の文字が小さくて読みづらい、または、もう少し文字を小さくしたい場合は、画面表示の文字サイズを読みやすいサイズに変更しましょう。LINEの画面表示の文字サイズは、メインメニューの「その他」から「設定」を選び、「トーク」内の「フォントサイズ」から設定可能です。

1 「トーク」を タップする

メインメニューの「ホーム」から「設定」を開いたら、「トーク」をタップして表示します。

→

2 「フォントサイズ」 をタップする

「トーク」設定の画面から「フォントサイズ」の項目をタップします。

→

3 読みやすいサイズ の文字を選択する

iPhone／iPadは「iPhoneの設定に従う」をオフにして、文字サイズを選択します。Androidは4種類の文字サイズから選択します。

→

4 トークルームで 文字サイズを確認

設定した文字サイズをトークルームで確認します。何度か確認して、自分が一番読みやすいサイズの文字を選択しましょう。

5 設定できるフォントサイズは 「小」「普通」「大」「特大」の4種類

フォントサイズ「小」

フォントサイズ「普通」

フォントサイズ「大」

フォントサイズ「特大」

設定可能な文字サイズは「小」、「普通」、「大」、「特大」の4種類です。それぞれの文字サイズを設定して比較してみましょう。

LINEトークの
トーク履歴を並び替える

LINEのトーク履歴は初期状態では、メッセージを送受信した順に並んでいます。トーク履歴は「受信時間」「未読メッセージ」「お気に入り」のいずれかに設定することで並び替えができます。「未読メッセージ」に設定すると未読メッセージがトーク履歴の一番上に表示されるようになります。

1 「受信時間」に
設定されている

トーク履歴の並び順は初期設定では「受信時間」に設定されています。送受信した順に上からトーク履歴が表示されます。

2 iPhone／iPadは「▼」をタップ
Androidスマホ／タブレットは「…」をタップ

iPhone／iPadは「トーク」という表記の下の「▼」をタップします。Androidスマホ／タブレットは「…」→「トークを並べ替える」を順番にタップします。

3 並び替えの
パターンを選ぶ

「受信時間」「未読メッセージ」「お気に入り」のいずれかのパターンを選んでタップします。

4 並び替えを
「未読メッセージ」に設定する

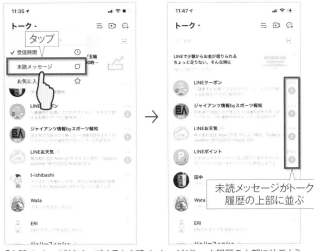

「未読メッセージ」をタップすると未読メッセージがトーク履歴の上部に並ぶようにトーク履歴の並び方が変更されます。

5 並び替えを
「お気に入り」に設定する

「お気に入り」をタップすると友だちリストでお気に入り登録した友だちがトーク履歴の上部に並ぶようにトーク履歴の並び方が変更されます。

LINEトーク&スタンプ

インターフェースデザインを変更する

　LINEには「着せかえ」機能と呼ばれるインターフェースデザインを変更できる機能が搭載されています。自分のお気に入りのデザインや見た目でLINEをすれば、これまで以上に、LINEを楽しむことが可能です。また、LINEトークを行うトークルームごとにデザインを変更することもできます。

「着せかえ」機能でインターフェースを変更する

1 「マイ着せかえ」をタップする

メインメニュー「ホーム」→「設定」→「着せかえ」→「マイ着せかえ」を順番にタップします。

2 着せかえを選んでタップ

標準で用意された着せかえは「コニー」と「ブラウン」「ブラック」の3種類。好きな方をタップします。

3 確認メッセージの「適用」をタップ

ダウンロードが完了すると確認メッセージが表示されます。「適用」をタップすると着せかえ完了です。

4 LINEのデザインが劇的に変化する

ダウンロードをした着せかえにLINEのデザインが変化します。

着せかえショップで着せかえを購入する

　LINEに標準で用意されている着せかえは「コニー」「ブラウン」「ブラック」の3種類です。それ以外の着せかえは「着せかえショップ」で入手することができます。「着せかえショップ」では有料・無料問わず数多くの着せかえが配信されています。好みのデザインの着せかえがないか探してみましょう。有料の着せかえを購入したい場合は、仮想通貨であるLINEコインが必要になります。コインのチャージに関しては本書43ページで紹介しているので、該当ページを参照しながら行ってみましょう。

1 「着せかえショップ」にアクセスする

メインメニュー「ホーム」→「着せかえ」を順番にタップすると着せかえショップが表示されます。

2 着せかえをタップして情報を確認する

気に入った着せかえが見つかったらタップして「着せかえ情報」画面を表示して、詳細な情報をチェックしましょう。

3 有料の着せかえを購入する

着せかえを購入する場合は「購入する」をタップします。購入には仮想通貨であるLINEコインが必要となります。

LINEトークの自動バックアップ設定を行う

　スマートフォンの故障や水没など予期せぬ事態のために、バックアップは重要です。いざというときに、トーク履歴を失わないために、トークの自動バックアップを設定してはいかがでしょうか。機種変更の際の引き継ぎテクニックは紹介しましたが、LINEでは頻度を設定し自動的にクラウドへバックアップをするように設定をしておくことができます。

iPhoneの自動バックアップ設定を行う

1 iPhoneの設定を確認する

iPhone本体の「設定」→「一般」→「Appのバックグラウンド更新」をタップし、LINEがオンになっていることを確認しましょう。

2 「ホーム」からトーク設定を開く

「ホーム」→「設定」→「トーク」→「トークのバックアップ」を順番にタップをします。

3 「バックアップ頻度」をタップ

「トークのバックアップ」画面の「バックアップ頻度」をタップします。

4 バックアップの頻度を設定する

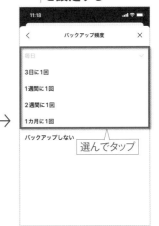

バックアップの頻度を「毎日〜1か月に1回」の中から選択すれば設定完了です。

Androidの自動バックアップ設定を行う

1 「ホーム」からトーク設定を開く

「ホーム」→「設定」→「トーク」→「トーク履歴のバックアップ・復元」を順番にタップをします。

2 「バックアップ頻度」をタップする

「トーク履歴のバックアップ・復元」画面の「バックアップ頻度」をタップします。

3 自動バックアップをオンにする

自動バックアップをオンに設定して、「バックアップ頻度」をタップします。

4 頻度を選べば設定完了

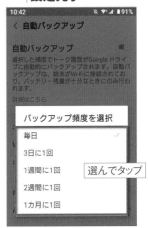

あとはバックアップの頻度を「毎日〜1か月に1回」の中から選択すれば設定完了です。

LINEトーク＆スタンプ

困ったを解決するLINEトーク&スタンプのQ&A

PART 2

Q. iPhoneで既読を回避できるワザってあるの?

A. 通知設定の変更やiPhone独自の機能で既読をスルーします

トークルームに届いたメッセージや画像を確認すると、送信者に内容を確認したことを知らせる「既読」が表示されます。便利な機能である反面、返信を強制されているかのような負担を感じる側面もあります。iPhone版LINEで既読を付けずにメッセージを確認するにはLINEとiPhoneの通知設定を変更する方法と「機内モード」や感圧タッチ「Peek」を活用する方法があります。ただし、どちらの方法も一時的な回避に過ぎないので、注意が必要です。

LINEと端末の通知設定を変更して既読回避する

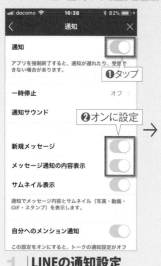 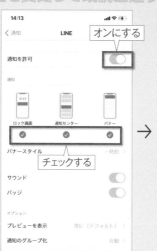  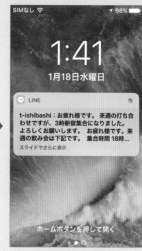

1 LINEの通知設定を変更する

メインメニュー「ホーム」→「設定」→「通知」を順番にタップします。「通知」「新規メッセージ」「メッセージ内容表示」をオンにします。

2 iPhoneの通知設定を変更する

iPhoneの「設定」→「通知」→「LINE」を順番にタップします。「通知を許可」「ロック画面に表示」「バナーとして表示」をオンに設定します。

3 バナーでトークを確認する

端末ロックがかかっていない状態でメッセージを受信するとバナーでメッセージ全文を見ることができます。

4 ロック画面でトークを見る

端末ロックがかかっている状態でメッセージを受信するとロック画面で4行程度メッセージを見ることができます。

機内モードで既読を一時的にスルーする

  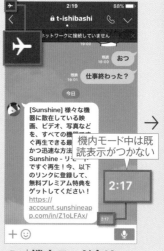 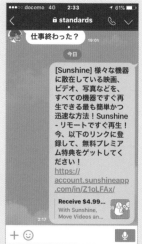

1 タッチID機種の機内モード

タッチIDの機種は、ホームボタンを2回押してアプリ選択からLINEを終了させます。画面を下から上にスワイプしてコントロールセンターの機内モードをオンにします。

2 iPhone X以降の機内モード

画面一番下のバーをスワイプしてアプリ選択からLINEを終了させます。画面を上から下にスワイプしてコントロールセンターの機内モードをオンにします。

3 機内モード中は既読がつかない

再びLINEを起動してメッセージが届いているトークルームを開きます。機内モード中は既読表示がつきません。

4 LINEと機内モードを終了

メッセージを読み終わったら、LINEを終了させて機内モードをオフにします。次にオンラインでLINEを起動するまで既読表示はつきません。

iPhone 6S～XSまでの3D Touch、iPhone 11以降の触覚タッチの機能を使っても既読を付けずにメッセージを読むことができます。トークの一覧画面で内容を読みたいトークを強く押すだけでトーク画面のプレビュー画面がポップアップで開いて、メッセージの内容が見られます。プレビューは一画面分のみで過去のメッセージを遡って見ることはできませんが、1ページに収まる内容のメッセージであれば問題なく全文見れます。

1 3D Touchをオンにする

3D Touchの機種の場合は、「設定」→「一般」→「アクセシビリティ」を順番にタップして、「3D Touch」をオンにします。触覚タッチの機種ならばこの操作は不要です。

2 未読メッセージの部分を強く押す

メッセージを受信したら、トーク履歴を開いて未読メッセージを強く押します。トークルームを開くと既読になるので注意しましょう。

3 未読メッセージをプレビューで確認

未読メッセージのプレビューがポップアップで開くので内容を確認します。ポップアップを開いたまま上にスワイプすると操作メニューが開きます。

Q. Androidで既読を回避を方法ってあるの?

A. Androidは通知ポップアップで既読回避します

「既読」表示を回避するテクニックはiPhoneの場合、いくつかの方法で既読を回避しましたが、Androidでは通知設定を変更して既読を回避するのがオススメです。過去にはポップアップでスタンプなどを含めたすべてのメッセージを確認することもできましたが、現在ではできなくなっています。Android端末はアップデートにより残念ながら現在は機能が縮小されていますが、それでもAndroidでは既読回避に利用できる貴重な機能となっています。

1 「ホーム」→「設定」をタップ

メインメニューの「ホーム」→「設定」アイコンをタップして設定画面を開きます。設定画面が開いたら「通知」をタップしましょう。

2 メッセージ通知を設定する

通知にチェックをいれ、メッセージ通知を「音声とポップアップで知らせる」に切り替えます。

3 ポップアップで通知される

これでポップアップでメッセージが通知されます。ただし長文やスタンプは確認できません。

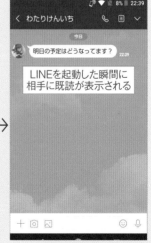

4 LINEの起動に注意

通知メッセージをタップしLINEを起動した瞬間に起動になるので注意しましょう。

困ったを解決するLINEトーク&スタンプ のQ&A

Q. 友だちに通知せずにメッセージって送れる?

A.「ミュートメッセージ」機能を使えば通知なしで送ることができます

「夜中にLINEを送りたい」「通知音が迷惑にならないようにLINEを送りたい」そんなときはミュートメッセージ機能を利用すると、友だちのスマホ上に通知されずにメッセージを送ることができます。また、ミュートメッセージ機能は友だちがLINEを通知オンの設定をしていても通知なしでメッセージを送れます。早朝や夜遅い時間、または仕事中や授業中にメッセージを送りたいときに便利な機能です。

1 「LINE Labs」を タップする

まずミュートメッセージを設定します。「ホーム」から設定画面を開いて「LINE Labs」を順番にタップします。

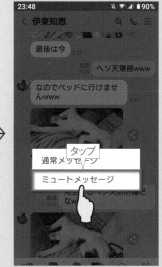

2 「ミュートメッセージ」 をオンに設定する

「ミュートメッセージ」をオンに設定します。これでミュートメッセージの設定は完了です。

3 「送信」キーを ロングタップする

メッセージを送信する際に「送信」キーをロングタップします。「ミュートメッセージ」をタップすると送信完了です。

Q. 写真や画像を高画質のまま送信できる?

A. スマホに保存された画像／写真はオリジナル画質で送信可能です

スマートフォンのカメラ機能は、今では高級デジカメと比較しても遜色ない高画質を誇ります。その反面、データ容量が大きくなったため、LINEでは送信する写真の画質・サイズを自動的に落とす初期設定となっています。撮影した写真をオリジナル画質で送信したい場合は、写真選択時に「ORIGINAL」にチェックを付ける必要があります。オリジナル画質での送信は通信容量も大きくなるので、Wi-Fiなどの通信環境を利用しましょう。

1 「写真」をタップ して画像を選択

トークルームの入力欄の横の「写真」をタップします。送信したい画像を選択していきます。

2 オリジナル画質 にチェックする

送信する画像を選択した時に画面左下の「ORIGINAL」にチェックを入れます。

3 「送信」をタップ して送信完了

「送信」アイコンをタップすると撮影したオリジナル画質のまま送信されます。

Q. トークルームの画像の期限切れって防げるの?

A.「アルバム」に画像を保存して有効期限切れを防ぎます

トークルームの画像には有効期限があります。受信した画像をトークルームに放置しておくと、いずれ有効期限が切れて画像をタップしても、閲覧したり保存したりできなくなってしまいます。そういった事態を避けるためには「アルバム」に大切な画像をまとめて保存して管理しましょう。アルバムに保存された画像は有効期限なしで半永久的に残すことができます。また、友だちとアルバムを共有して2人で管理していくことも可能です。

1 「アルバム」をタップする

写真を共有したいトークルームの右上のアイコン→「アルバム」→「アルバム作成」を順番にタップします。すでに作成したアルバムがある場合は右下のアイコンをタップします。

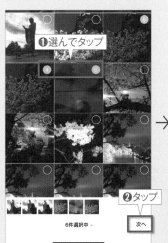

2 保存する画像にチェックを入れる

アルバムに保存する画像すべてにチェックを入れて「次へ」をタップします。

3 アルバム名をつけて「作成」

50文字以内でアルバム名を付けて「作成」をタップするとアルバムは完成です。トークルームのアルバム名をタップすればアルバムの閲覧が可能です。

Q. 間違って送信したメッセージは取り消せる?

A. 24時間以内であれば送信の取り消しは可能です

LINEでは誤って送信したメッセージやスタンプなどは、24時間以内であればトークをしている人数や相手を問わずに「送信取消」をすることができます。方法は取り消しをしたいメッセージやコメントを長押しして「送信取消」を選ぶだけ。似たような項目として「削除」がありますが、こちらは自分のトークルームの表示を削除するのみの機能で、相手側のトークルームから削除できないので注意が必要です。

1 取り消すトークを長押し

送信を取り消したいトークを長押しして、操作メニューの「送信取消」をタップします。

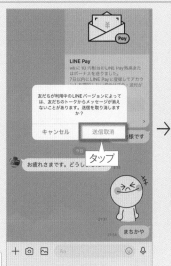

2 「送信取消」をタップする

選択したトークの送信取り消しに関する確認メッセージが表示されるので「送信取消」をタップします。

3 送信取り消しが完了する

トークルームに「メッセージの送信を取り消しました」と表示されたら、送信取り消しは完了です。

困ったを解決する LINEトーク&スタンプ のQ&A

Q. トーク履歴をもっとわかりやすく整理する方法はないの?

A. トークフォルダー機能を利用すればトーク履歴を整理できます

トークフォルダー機能を利用すれば、トーク履歴を「すべて」「友だち」「グループ」「公式アカウント」の4種類に自動でフォルダ分けすることができます。トーク履歴をフォルダ分けすることで内容が整理でき、目的のトークを見つけやすくなります。トークフォルダー機能の利用はiOS版LINEはバージョン10.19.0以上、Android版LINEはバージョン10.7.0以上にアップデートする必要があります。

1 「LINE Labs」をタップする

まずトークフォルダー機能を設定します。「ホーム」から設定画面を開いて「LINE Labs」を順番にタップします。

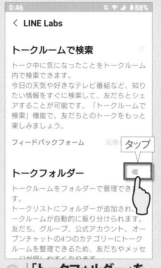

2 「トークフォルダー」をオンに設定する

「トークフォルダー」をオンに設定します。これでトークフォルダー機能の設定は完了です。

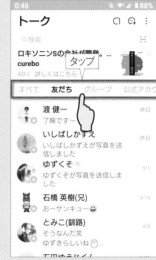

3 トーク履歴のフォルダ分けが完了

トーク履歴が「すべて」「友だち」「グループ」「公式アカウント」の4種類に振り分けされます。

Q. 過去のメッセージってどうやって検索するの?

A. 検索機能を利用しましょう。

検索は通常のトーク、グループトークで行うことができ、キーワードか日付を絞って検索をかけることができます。キーワードで検索をかけた場合は、そのキーワードを含むメッセージが一覧で表示されるので、見たいメッセージをタップするとそのメッセージの部分まで遡って表示されます。日付の検索をかけた場合は、その日まで画面が遡り表示されます。

1 アイコンをタップ キーワードを入力

検索をしたいトークルームを開いて、画面上の「虫眼鏡」アイコンをタップ。ウィンドウが表示されたらキーワードを入力しましょう。

検索結果が一覧で表示される

2 表示された結果をタップ

入力したキーワードが含まれるトークが一覧で表示されます。見たいものをタップすればそのトークの部分に遡り表示されます。

3 日時で検索をする

トークをしていた日時で検索をしたい場合は、「虫眼鏡」アイコン→「カレンダー」アイコンをタップし、日にちを指定しましょう。

Q. LINEトークは転送できるの?

A. LINEトークのメッセージや写真、ファイルなどは転送できます

LINEトークでやりとりしたメッセージや写真、ファイルなどは、ほかの友だちやグループに転送することができます。また、LINE以外のアプリへの転送にも対応しているので、LINEで受信したメッセージや画像をメールで転送したり、端末に保存せず直接TwitterなどのSNSに投稿したりもできます。ほかのSNSなどを併用しているユーザーは覚えておくと便利な機能です。

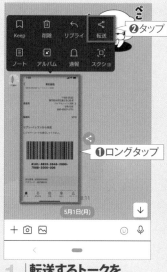

1 転送するトークをロングタップする
トークルームの転送したいトークをロングタップして「転送」をタップします。

2 「転送」をタップする
転送するトークにすべてにチェックを入れて「転送」をタップします。

3 転送先を選んでタップする
転送先を選んでタップするとLINEトークの転送が完了します。

Q. LINEトークってスクリーンショットできる?

A. トークスクショ機能でスクリーンショットできます

スマートフォン本体には標準でスクリーンショット(画面キャプチャ)機能がありますが、LINEにもトークスクショ機能というスクリーンショット機能が搭載されています。トークスクショ機能はLINEトークのスクリーンショットに特化した機能で、LINEトークを自在に切り抜いたり、加工して友だちに転送したり、端末に保存したりできる機能です。LINEトークをピンポイントでスクショしたいときに便利な機能です。

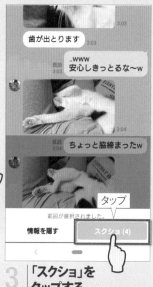

1 スクショするトークをロングタップする
トークルームを開いてスクリーンショットしたいトークをロングタップして「スクショ」をタップします。

2 スクショする範囲を決定する
画面をタップしてスクリーンショットしたいトークの範囲を決めます。

3 「スクショ」をタップする
「スクショ」をタップすると選択した範囲のスクリーンショットが完了します。

困ったを解決するLINEトーク&スタンプ のQ&A

Q. グループトークで特定の人にメッセージを送れる?

A. メンション機能を利用しましょう

大人数でグループトークをしているとき特定の相手に発信したことを明確にするのに便利なのが「メンション」機能です。メンション機能は、トーク画面上で話しかける相手が明確になるだけでなく、メンションされた相手のトークリストや通知画面に表示され、相手も気づきやすくなります。似たような機能にリプライがありますが、こちらは相手のトークを引用して返信をする機能で、引用相手には特に通知がされません。

1 「@」を入力 友だちを選ぶ

メッセージ入力欄に「@」を入力するとトーク参加メンバーが表示されますので、選んでタップしましょう。

2 メンションされると 通知される

メンションをされた側は通知画面やトーク画面にメンションされたことが通知されますので、返信しましょう。

3 トークを引用し リプライする

リプライしたいトークを長押しし。「リプライ」をタップすれば引用して返信することができます。

Q. 友だちによって異なる雰囲気のトークルームを作りたいんだけど…

A. トークルームごとに背景やBGMの設定ができます

トークルームの背景はデフォルトでは、「着せ替え」で設定したものが適用されていますが、この背景の設定は、トークルームごとに変更をすることが可能です。トークルームが増えてきたり、似た名前の友だちがいるときなど視覚的に変化をつけることでトークの送り間違えを防いだり、友だち毎に雰囲気を変えたりするときに利用しましょう。また同じようにLINE MUSICを利用していればトークルームごとにBGMを設定できます。

1 背景デザインを 変更する

設定を変更したいトークルームの「三」→「その他」→「背景デザイン」の順にタップをしていきます。

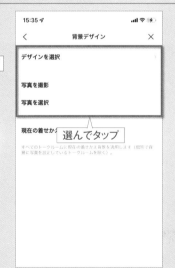

2 デザインを 変更する

背景のデザインはあらかじめ用意された着せ替えや撮影した写真、その場で撮影した写真も設定可能です。選んでタップしましょう。

3 トークルームの BGMを設定

同様に、設定を変更したいトークルームの「三」→「BGM」を選択してトークルームのBGMを設定できます。ただしLINE MUSICの利用が必須です。

通話

3

友だちに無料で音声通話をかける

LINEに登録されている友だち同士であればスマートフォンのキャリアに関係なくいつでもどこでも無料で音声通話をすることが可能です。音声通話を受信すると画面には相手のアイコンと名前が表示され、すぐ下のアイコンをタップすれば応答、拒否ができます。また通話中にスピーカーへの切り替えもできます。

友だちリストから友だちを選んで音声通話をかける

1 音声通話をする友だちを選ぶ

❷友だちを選んでタップ

いしばしかずえ
いえあ

❶タップ

メインメニュー「ホーム」をタップして友だちリストから音声通話をする友だちを選んでタップします。

2 「音声通話」をタップする

いしばしかずえと音声通話を開始しますか？

キャンセル　開始

❷タップ

❶タップ

友だちのプロフィール画面の「音声通話」をタップ、次に「開始」をタップすると音声通話が発信されます。

3 友だちが応答したら通話開始

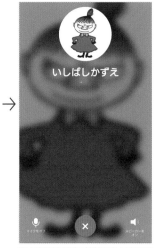

いしばしかずえ

音声通話の発信中はこのような画面が表示されます。音声通話をかけた友だちが応答したら音声通話の開始です。

4 音声通話の発信を中止

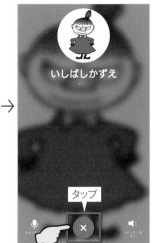

いしばしかずえ

タップ

発信画面の「終了」アイコンをタップすると音声通話の発信を中止できます。

5 音声通話を終了する

00:06
いしばしかずえ
00:06

タップ

通話中は通話画面に通話時間が表示されます。通話を終了する時は「×(終了)」アイコンをタップします。

6 発信履歴はトークルームに表示される

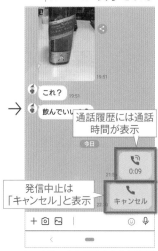

これ？　19:51
飲んでい

通話履歴には通話時間が表示

今日

0:09

発信中止は「キャンセル」と表示

キャンセル

トークルームに反映された通話履歴には通話時間が表示されます。発信中止した履歴は「キャンセル」と表示されます。

POINT

タップ

音声通話を発信中にLINEのほかの操作を行う

友だちと音声通話の途中でLINEのほかの操作を行いたいときは、iPhoneは発信画面左上の「→←」、Androidは端末の「戻る」キーをタップします。通話中にLINEのほかの操作を行っても音声通話の状態は変わらないので、友だちと通話を続けつつ、トークなどを通常通りに送信することができます。

いしばしかずえ

タップ

音声通話の発信画面に戻るときは、画面右上のアイコンをアップすると戻ります。

音声通話中の画面構成

❶LINEの画面表示
通話中にLINEの画面に戻ります。

❷マイクをオフ
端末のマイクが一時的にオフになります。

❸ビデオ通話を開始
音声通話からビデオ通話に切り替わります。

❹スピーカーをオン
通話している相手の音声をスピーカーで聞けます。

❺×(終了)
通話を終了します。

音声通話中の画面構成はiPhoneもAndroidも違いはなく、ほとんど同じ画面構成になります。

トークルームから音声通話を発信する

1 トークルームを選んで開く

メインメニュー「トーク」をタップして、音声通話を発信するトークルームを開きます。

→

2 「電話」アイコンをタップする

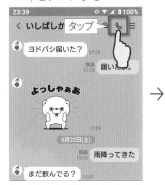

トークルームが開いたら、トークルームの画面上部にある「電話」アイコンをタップします。

→

3 「音声通話」をタップする

通話に関する操作メニューが表示されるので、「音声通話」を選んでタップすると音声通話が発信されます。

→

4 音声通話を開始する

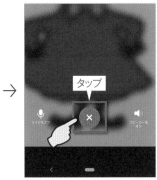

友だちが通話に応答したら音声通話の開始です。通話を終了する時は「×(終了)」アイコンをタップします。

5 一度かけた友だちにリダイヤルする

トークルームに反映された音声通話の通話履歴をタップすると友だちのプロフィール画面が表示され、「音声通話」をタップするとリダイヤルできます。

P OINT

友だちが応答しなかった場合

友だちが音声通話に応答しなかった場合や友だちが音声通話を応答拒否した場合、トークルームの通話履歴は「応答なし」と表記されます。他の通話履歴と同じく、「応答なし」の履歴をタップすると友だちにリダイヤルすることができます。

他の通話履歴と同じく、タップすると友だちのプロフィール画面が表示され、「音声通話」をタップするとリダイヤルできます。

通話

友だちからかかってきた音声通話に応答する

　スマートフォンの通話着信と同じように、LINEも友だちから通話の着信があると着信音が鳴ります。友だちから着信があったら応答すると、友だちと音声通話が開始されます。スマートフォンの通話と同じように、応答を拒否することもできますし、ビデオ通話に切り替えたり、ハンズフリーで通話できます。

友だちからかかってきた音声通話に応答する

1 かかってきた着信に応答する

友だちから音声通話がかかってきた場合は「応答」アイコンをタップして応答します。通話を終了する時は「×（終了）」アイコンをタップします。

2 かかってきた着信を拒否する

友だちからの音声通話に応答できない場合は「×」アイコンをタップして応答を拒否します。トークルームの通話履歴には「キャンセル」と表記されます。

音声通話の着信画面

❶応答
タップするとかかってきた音声電話に応答します。

❷拒否
タップするとかかってきた音声電話を拒否できます。

Andoirdの場合は、「応答」アイコンを右にスワイプで着信応答、「×」アイコンを左にスワイプで着信拒否します。

不在着信に折り返して音声通話を発信する

iPhoneは不在着信の通知をスワイプする

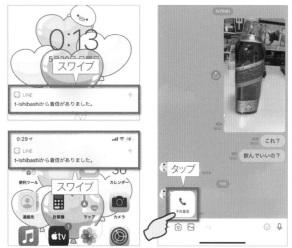

iPhoneは不在着信があるとロック画面もしくはホーム画面に通知が表示されます。不在着信の通知をスワイプするとトークルームが表示されるので、トークルームに表示されている「不在着信」をタップします。

Androidは通知センターから直接発信できる

Androidは不在着信があるとロック画面もしくは通知センターに不在着信の通知が表示されます。ロック画面の不在着信通知をダブルタップするか、通知センターを表示して「発信」をタップすると音声通話が発信されます。

通話中にできる様々な操作

LINEの音声通話機能は通話中も画面に表示された各アイコンをタップすることで、様々な操作を行うことができます。

1 ホームボタンをタップして 音声通話中にLINE以外のアプリを起動する

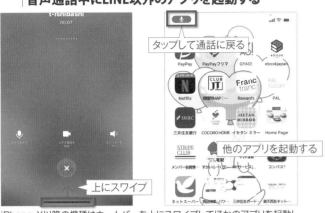

タップして通話に戻る

他のアプリを起動する

上にスワイプ

タップして通話に戻る

上にスワイプ

iPhone X以降の機種はホームバーを上にスワイプしてほかのアプリを起動します。iPhone X以前の機種は本体ホームボタンを押してホーム画面に戻り、ほかのアプリを起動します。

Android 9以降の機種はナビゲーションバーを上にスワイプしてほかのアプリを起動します。Android 9以前の機種は「ホーム」キーをタップしてホーム画面に戻り、ほかのアプリを起動します。

2 音声通話中に通話相手の トークルームを表示する

タップ

タップして通話画面に戻る

iPhoneは通話画面の「→←」をタップ、Androidは「戻る」キーをタップしてLINEの操作画面に戻り、トークルームを開きます。通話画面に戻るときは画面右上のユーザーサムネイルのアイコンをタップします。

3 「スピーカをオン」キーをタップして ハンズフリーで音声通話をする

タップしてオン

タップしてオフ

通話中に「スピーカーをオン」キーをタップすると通話相手の音声をスピーカーで聴けるようになるので、ハンズフリーで音声通話ができます。「スピーカーをオフ」キーをタップするとスピーカーはオフになります。

4 「マイクをオフ」キーをタップして 自分の音声を消音にする

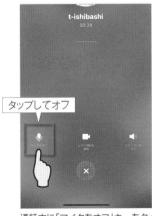

タップしてオフ

タップしてオン

通話中に「マイクをオフ」キーをタップすると端末のマイクが一時的にオフになり、自分の音声が消音になります。「マイクをオン」キーをタップでオンになります。

5 「ビデオ通話を開始」キーをタップして 音声通話からビデオ通話に切り替える

タップ

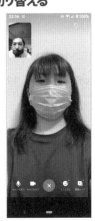

音声通話中に「ビデオ通話を開始」キーをタップすると音声通話からビデオ通話に切り替わります。

通話

友だちと無料で ビデオ通話する

LINEには手軽に利用できる「ビデオ通話」機能が備わっています。音声のみの「無料通話」と同様、電話をかけるように相手を呼び出し、スマートフォンに搭載されたカメラを使って双方向のビデオ通話を行うことが可能です。「ビデオ通話」の利用は無料のため通話料はかかりませんが、パケット通信料は発生します。

友だちにビデオ通話をかける

1 ビデオ通話する 友だちを選ぶ

→

メインメニュー「ホーム」をタップして友だちリストからビデオ通話をする友だちを選んでタップします。

2 「ビデオ通話」を タップする

→

友だちのプロフィール画面の「ビデオ通話」をタップするとビデオ通話が発信されます。

3 友だちが応答 したら通話開始

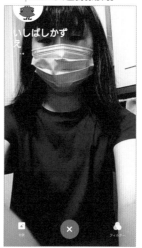

→

ビデオ通話の発信中はこのような画面が表示されます。ビデオ通話をかけた友だちが応答したらビデオ通話の開始です。

4 ビデオ通話の 発信を中止

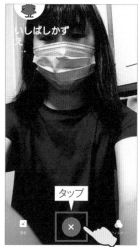

発信画面の「終了」アイコンをタップするとビデオ通話の発信を中止できます。

1 ビデオ通話を 終了する

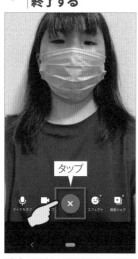

→

ビデオ通話中は通話画面に通話相手の映像が表示されます。通話を終了する時は「終了」アイコンをタップします。

2 発信履歴はトーク ルームに表示される

トークルームに反映された通話履歴には通話時間が表示されます。発信中止した履歴は「キャンセル」と表示されます。

POINT

ビデオ通話を 発信中に トークルームに戻る

ビデオ通話を友だちに発信中にトークルームに戻る場合は、発信画面の「＜」をタップするとトークルームに戻ることができます。発信中にトークルームに戻ってもビデオ通話の発信はキャンセルされないので、友だちにビデオ通話を発信しつつ、メッセージなどを通常通りに送信することができます。

ビデオ通話発信中に発信画面の「＜」をタップするとトークルームに戻ります。発信画面に戻る場合はビデオ通話画面をタップします。

ビデオ通話中の画面構成

❶サブ画面
インカメラによる自分の映像が表示されます。

❷カメラ切り替え
インカメラとメインカメラを切り替えます。

❸表示切替
カメラの表示を切り替えます。

❹マイクオフ
通話音声が一時的にオフになります。

❺カメラオフ
一時的にインカメラがオフになります。

❻通話終了
ビデオ通話を終了します。

❼エフェクト
映像にエフェクトをかけます。

❽画像シェア
YouTubeなどにビデオ通話をシェアできます。

トークルームからビデオ通話を発信する

1 トークルームを選んで開く

メインメニュー「トーク」をタップして、ビデオ通話を発信するトークルームを開きます。

→

2 「電話」アイコンをタップする

トークルームが開いたら、トークルームの画面上部にある「電話」アイコンをタップします。

→

3 「ビデオ通話」をタップする

通話に関する操作メニューが表示されるので、「ビデオ通話」を選んでタップするとビデオ通話が発信されます。

→

4 ビデオ通話を開始する

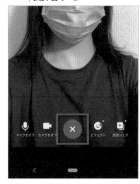

友だちがビデオ通話に応答したらビデオ通話の開始です。ビデオ通話を終了する時は「終了」アイコンをタップします。

5 ビデオ通話でリダイヤルする

トークルームに反映されたビデオ通話の通話履歴をタップすると友だちのプロフィール画面が表示され、「ビデオ通話」をタップするとビデオ通話でリダイヤルできます。

POINT

友だちが応答しなかった場合

友だちがビデオ通話に応答しなかった場合や友だちがビデオ通話を応答拒否した場合、トークルームの通話履歴は「応答なし」と表記されます。他の通話履歴と同じく、「応答なし」の履歴をタップすると友だちにリダイヤルすることができます。

他の通話履歴と同じく、タップすると友だちのプロフィール画面が表示され、「ビデオ通話」をタップするとビデオ通話でリダイヤルできます。

友だちからかかってきたビデオ通話に応答する

「ビデオ通話」は相手の顔を見ながら会話が楽しめる機能ですが、基本的な応答方法は通常のスマートフォンなどの電話と変わりません。友だちからビデオ通話がかかってくるとコール音が鳴り、呼び出し画面が表示されます。ビデオ通話に応答する場合は、緑色の「応答」ボタンをタップします。

友だちからのビデオ通話に応答する

1 ビデオ通話に応答／拒否する

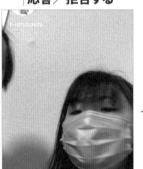

応答しない場合はタップ　応答する場合はタップ

友だちからビデオ通話がかかってきた場合は「応答」アイコンをタップします。応答しない場合は「拒否」アイコンをタップします。

→

2 自分のカメラをオフにして応答する

タップ

友だちからビデオ通話がかかってきた場合に「カメラをオフにして応答」をタップすると自分のカメラをオフにして応答できます。

ビデオ通話の着信画面

❶発信者
ビデオ通話の発信者が表示されます。

❷画面縮小
インカメラ画像が縮小表示されます。

❸カメラ切替
インカメラとメインカメラが切り替わります。

❹カメラをオフ
自分のカメラがオフになります。

❺拒否
かかってきたビデオ電話を拒否します。

❻応答
かかってきたビデオ電話に応答します。

POINT

ビデオ通話の不在着信

ビデオ通話の不在着信は音声通話の不在着信とトークルーム上の表記は同じです。iPhoneは不在着信があるとロック画面もしくはホーム画面に通知が表示されます。Androidは不在着信があると通知センターに不在着信の通知が表示されます。ビデオ通話で折り返す時はトークルームに表示されている「不在着信」をタップしてビデオ通話で発信します。

iPhoneは不在着信の通知をスワイプする

iPhoneは不在着信があるとロック画面もしくはホーム画面に通知が表示されます。不在着信の通知をスワイプするとトークルームが表示されるので、トークルームに表示されている「不在着信」をタップします。

Androidは通知センターから直接発信する

Androidは通知センターに不在着信の通知が表示されます。通知センターを表示して「不在着信」をタップ、トークルームの不在着信通知をタップしてビデオ通話で発信します。

ビデオ通話中にできる様々な操作

　LINEのビデオ通話機能はビデオ通話中も画面に表示された各アイコンをタップすることで、様々な操作を行うことができます。例えば、ビデオ通話の画質を調整したり、通話中に音声やインカメラをオフにしたり、ビデオ通話にエフェクトをかけたり、画面表示を二分割で表示したりできます。本誌を参考に通話中の操作を覚えておきましょう。

1 メニューを非表示にする

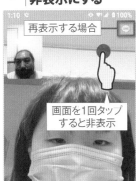

再表示する場合

画面を1回タップすると非表示

ビデオ通話中に画面をタップするとメニューが非表示になります。再表示する場合は画面右上のLINEマークをタップします。

2 画面表示を二分割で表示

ビデオ通話中に画面を上下どちらかにスワイプすると画面表示を上下に二分割で表示することができます。

3 通話中にカメラをオフ

タップ

通話中に「カメラ」ボタンをタップすると端末のインカメラが一時的にオフになります。もう一度タップするとインカメラがオンになります。

4 通話中にマイクをオフにする

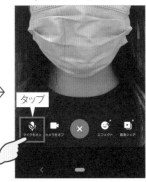

タップ

通話中に「消音」ボタンをタップすると端末のマイクが一時的にオフになり、音声が消音になります。もう一度タップするとマイクがオンになります。

5 ビデオ通話をシェアする

❶タップ

キャスト中や記録中にプライベート情報が公開されます

記録中やキャスト中に、**LINE**は、画面上に表示またはデバイスから再生されている個人的な情報(音声、パスワード、お…ッセ…能性があります。

❷選んでタップ

キャンセル　今すぐ開始

ビデオ通話中に「画像シェア」をタップするとリアルタイムで録画して、撮影した動画をYouTubeなどでシェアすることができます。

6 ビデオ通話にエフェクトをかける

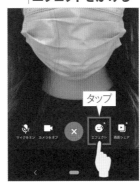

タップ

ビデオ通話中に「エフェクト」ボタンをタップすると、画面上に映像にかけられるエフェクトの一覧が表示されるので、かけたいエフェクトを選んでタップします。ビデオ通話相手の画面上にエフェクトが反映されて映し出されます。

⨀OINT

ビデオ通話が楽しくなるエフェクト機能

　ビデオ通話で利用できるエフェクト機能は近年のアップデートにより、実に様々な種類の効果をかけられるようになりました。いろいろなエフェクトをかけてビデオ通話をさらに楽しみましょう。

LINEミーティングで
グループ通話を楽しむ

「LINEミーティング」は、指定のURLにアクセスするだけで同時に最大500人までビデオ通話を行うことができる機能です。URLを発行し共有することで、グループ通話を行うので、メンバーにLINEを利用してない人がいても、使うことができるのが最大のメリットです。スマートフォン、パソコン両方で利用でき、URL発行などの操作も簡単に行うことができます。その名の通り、プライベートではもちろん、ビジネスシーンでも役に立つオンラインミーティング機能です。

LINEミーティングを利用する

1 アイコンをタップする

LINEのトークタブを開き右上の「トーク作成」アイコンをタップ。表示されたメニューの「ミーティング」をタップしましょう。

2 ミーティングを作成する

LINEミーティングの作成ページが表示されます。「ミーティングを作成」をタップしましょう。

3 ミーティングを削除する

作成済みのミーティングリストが表示されます。削除は右から左へスワイプし、「削除」をタップします。

4 ミーティング名を変更する

ミーティング名横の「ペンマーク」をタップし、わかりやすいようにミーティング名を変更しましょう。「保存」をタップすると完了します。

5 LINEの友だちを招待する

ミーティングを作成したらメンバーを決めます。「招待」をタップします。「もっと見る」をタップして友だち・グループのリストを表示し、招待する相手を選択し転送しましょう。

6 LINEを使っていない友だちを招待する

友だちになっていない相手やそもそもLINEを使っていない相手に共有する場合は「コピー」をタップして、メールやSMSなどに貼りつけてURLを送信します。

7 ミーティングを開始する

開催時間になったらミーティングを開始しましょう。ミーティング作成者はミーティングリストの「開始」ボタンをタップすればミーティングに参加できます。

8 ミーティングに参加する

ミーティングへの招待をLINEのトーク、またはメールで受け取ったら添付されたURLをタップします。これでミーティングに参加できます。

背景や画像を加工してミーティングに参加する

　ミーティングでビデオ通話で会話をすることになったものの、自宅の部屋が汚れているので写したくない、そもそも顔は写したくない、そんなときは通話を開始する前に加工処理をしましょう。あらかじめ用意されたパ

ターンを利用することで背景を変更したり、顔をアバターに置き換えたり、エフェクトをかけて綺麗に見せたりと、状況に合わせて自分の映像を加工することができます。

1 カメラに映る画像を加工する

URLをクリックしてミーティングの画面が起動したら、通話をはじめる前にエフェクトを設定します。「背景」「フィルター」「アバター」を選んでタップしましょう。設定が終わったらカメラをオンにして通話を開始します。

背景あり

あらかじめ用意されている背景画像を選択します。部屋が汚れていて写したくないときなどに重宝します。

フィルターあり

明るさなど、あらかじめ用意されたパターンを選択し、カメラに映る画像にフィルターをかけるのも有効です。

アバターを使う

あらかじめ作成しておいたアバターが顔の位置に表示されます。カメラはオンにしたいが顔を写したくないときに使いましょう。

ミーティング途中に参加者を追加する

　LINEミーティングは、途中からメンバーを追加することができます。追加方法は簡単です。ミーティング作成時の操作と同様の手順でLINEの友だちを招待したり、メールにURLを添付して友だち以外を追加したりすることができます。話が盛り上がる中で新たに招待したい友だちが増えたりしたならば、気軽に招待してみましょう。

1 メンバーを途中で追加する

通話の途中に画面の左下に表示されている「人物」アイコンをタップします。

2 URLを共有して招待する

最初にメンバーを招待したのと同じ手順で、ミーティングURLを共有しましょう。「リンクをコピー」をタップしてメールで添付し友だち以外を招待することも可能です。

ユーザーを途中退出させる

　大勢でミーティングをしていて迷惑行為をするユーザーがいるとき、オンラインで飲み会をやっていたもののいつの間にか通話をしたまま寝てしまった友だちがいたとき、そんなときは参加メンバーを途中退出させることができます。設定画面から参加メンバーの一覧を表示し、「削除」をタップしましょう。

1 参加メンバーを表示する

ユーザーを退出させたいときは、通話画面で左上のアイコンをタップし、設定画面が表示されたら「参加メンバー」をタップします。

2 「削除」をタップする

通話に参加しているメンバーが表示されます。名前の横の「削除」をタップしてユーザーを退出させます。

「画面シェア」機能を楽しむ

「画面シェア」機能は、YouTubeの動画やスマートフォンの画像を見ながら通話ができる機能です。1対1、複数に関わらず通話相手と一緒に動画を視聴するので、スマートフォンのスピーカーからは、友だちとの声と動画の音声が同時に再生されます。お気に入りの動画を共有することで、離れている家族や友だちと一緒に盛り上がりましょう。

動画を検索して視聴する方法

1 通話を開始する

動画を共有したい相手と通話を開始します。音声通話、ビデオ通話どちらでも可能ですが、簡単に操作するには一旦ビデオ通話を選択するのがおススメです。

2 「画面シェア」をタップする

通話が開始されたら「画面シェア」をタップしましょう。1対1のトークの場合は、ビデオ通話のみにボタンがあります。

3 「YouTube」をタップする

シェアできるのは「YouTube」と「自分の画面」です。今回は「YouTube」をタップします。

4 動画を検索する

動画検索ページが表示されます。キーワードを入力して視聴したい動画を探します。

5 動画の視聴を開始する

見たい動画を見つけたらタップ。確認メッセージが表示されたら「開始」をタップしましょう。

6 みんなで動画を視聴する

これでみんなで動画を視聴することができます。通話したままの状態で動画を楽しめます。

7 動画の視聴を終了する

「みんなで見る」機能を終了するときは「×」をタップします。動画が終了しても通話は維持されます。

POINT

動画視聴はデータ通信量に注意

動画の視聴はデータ通信量を消費します。共有中は視聴をしている友だち全員がそれぞれ動画にアクセスすることになるので、通話相手のデータ通信量にも注意しましょう。参加メンバー全員が快適に視聴できるタイミングで視聴するようにしましょう。

動画のURLをコピーして視聴する方法

　みんなで見たい動画が決まっている場合は、YouTube動画のURLをあらかじめコピーして動画視聴をする方法がおススメです。通話を開始する前にまずはYouTubeのアプリで、みんなで見たい動画を探します。動画をみつけたら「共有」→「コピー」をタップします。これで準備完了

です。あとはLINEでグループ通話をスタートすると、通話画面の下部にコピーした動画のバナーが表示されるので、タップして「開始」を選択しましょう。

1 動画のURLを コピーする

YouTubeアプリで見たい動画を見つけたら「共有」→「コピー」をタップしましょう。

→

2 グループ通話を 開始する

LINEアプリを起動して動画を一緒に見たいグループで、通話を開始します。音声通話、ビデオ通話はどちらでもOKです。

→

3 バナーを タップする

グループ通話がスタートすると、画面の下部に動画のバナーが表示されるのでタップして「開始」を選択しましょう。

→

4 動画を みんなで見る

YouTubeの動画が再生されます。みんなで会話をしながら視聴しましょう。

シェアした動画から視聴をする方法

　LINEのグループトーク内にYouTube動画を貼りつけている場合は、タップするだけで簡単にみんなで見るを利用できます。トークの最中に動画をシェアしたくなったときや、時間がないときに動画を貼りつけておけば、後でメンバーの都合が合う際に素早く動画をシェアすることができるのでお勧めです。

1 「画面シェア」を タップする

グループのトークルームに共有された動画の下にある「通話しながら画面シェア」をタップしましょう。

→

2 開始する

「音声通話」または「ビデオ通話」を選んでタップします。通話が開始されると同時に動画が共有されます。

POINT スマートフォンの 画像を共有する方法

　グループ通話では動画をシェアするだけではなく、自分のスマートフォンの画面をみんなで共有することもできます。iPhoneでは通話画面の右下のアイコンをタップし、「画面シェア」を選択。「ブロードキャストを開始」をタップすれば共有が開始されます。Androidでは、iPhone同様右下のアイコン→「画面シェア」をタップ。メッセージが表示されたら「開始」をタップします。画面共有中は、スマートフォンの画面がすべて通話相手に共有されるのでセキュリティには十分に注意しましょう。

困ったを解決する通話のQ&A

Q. トーク中に電話に切り替えられる?

A. 音声通話にもビデオ通話にも切り替え可能です。

LINEで友だちとトークのやり取りが長くなってしまって音声通話に切り替えたくなったユーザーは多いと思います。LINEの音声通話はトークルームから直接トーク相手の友だちへ発信することができます。また、音声通話中もトークを続けることもできるため、例えば、音声通話で話したスタンプを通話中に送ったり、会話に合わせてスタンプを送ったりすることも可能です。音声通話とトークを併用することで友だちとより楽しいコミュニケーションがとれるようになります。

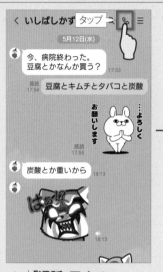

1 「通話」アイコンをタップする

友だちとのトークの最中に通話に切り替えたくなったら、トークルーム上部にある「通話」アイコンをタップします。

2 「ビデオ通話」か「無料通話」を選ぶ

音声のみの「無料通話」か「ビデオ通話」のどちらかをタップすると相手を呼び出すので少し待ちます。トーク相手が応答したら通話開始です。

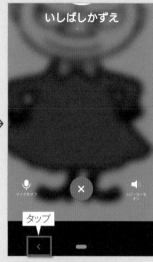

3 トークルームに戻る

iPhoneは通話画面の「→←」をタップ、Androidは「戻る」キーをタップしてLINEの操作画面に戻り、トークルームを開きます。

Q. ビデオ通話に音声通話で応答できる?

A. 可能です。ただしiPhoneは簡単な事前設定が必要です。

ビデオ通話はかかってくる時と場所によっては困りものになってしまいます。そんな時は音声通話でビデオ通話に応答しましょう。ビデオ通話に音声通話で応答すると自分は音声通話、相手はビデオ通話の状態で通話できるようになります。また、途中でビデオ通話に切り替えることもできます。Androidでは、そのままカメラオフで受信することができますが、iPhoneでは事前に設定を変更しておく必要があります。

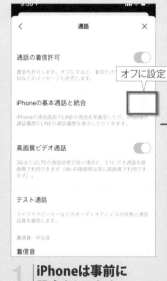

1 iPhoneは事前に設定をしておく

メインメニュー「ホーム」→「設定」→「通話」を順番にタップして、「iPhoneの基本通話と統合」をオフにします。

2 音声通話で応答する

ビデオ通話がかかってきたら、「カメラをオフ」をタップします。

3 カメラがオフの状態で通話

ビデオ通話に音声通話で応答すると通話相手の映像のみ画面に表示されます。自分は音声通話、相手はビデオ通話の状態で通話します。

P ART 3

Q. iPhoneの連絡先からでもLINE通話はできるの?

A. iPhoneの基本通話とLINEの通話機能を統合すれば可能です。

LINEにはiPhoneの通話機能とLINEの通話機能を統合する設定があります。この機能を利用すればLINEアプリを使わずiPhoneの連絡先から直接LINEの通話が可能です。ただし、利用をするためにはiPhoneの連絡先とLINEの友だち登録を行っている必要があります。また、機能をオンにすることでロック画面やホーム画面でもLINEの通話を受けることができるようになります。

1 「iPhoneの基本通話に統合」をオン

メインメニュー「ホーム」→「設定」→「通話」を順番にタップします。「iPhoneの基本通話と統合」をオンにします。

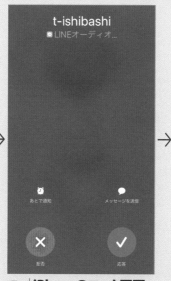

2 iPhoneのロック画面でLINE通話を受ける

LINE通話がかかってきた場合、iPhoneのロック画面やホーム画面でLINEの通話を受けることができます。

3 iPhoneの連絡先からLINE通話をかける

iPhoneの連絡先に登録しているLINEの友だちにiPhoneの連絡先からLINEで通話できます。

Q. ビデオ通話中のサブ画面が邪魔だけど、どうにかできない?

A. 位置を変えたり、2画面表示にしてみましょう。

ビデオ通話中に自分が映っている内側カメラのサブ画面は通話相手の場所や角度によってまれに邪魔になったりします。そんなときは内側カメラの配置を指でスライドして動かしましょう。内側カメラは画面の四隅に配置することができるほか、メインウィンドウと画面表示を切り替えたり、画面表示を上下二分割で表示したりすることができます。また、スマホの内部カメラと外部カメラを切り替えることも可能です。

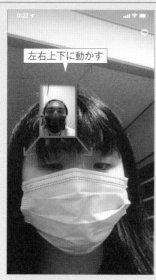

1 内側カメラの位置を動かす

内側カメラのウィンドウを指でスライドすると位置を動かすことができます。配置できる場所は画面の四隅です。

2 ウィンドウを切り替える

内側カメラのウィンドウをタップするとメインウィンドウと内側カメラのウィンドウが切り替わります。

3 画面表示を二分割で表示

ビデオ通話中に画面を上下どちらかにスワイプすると画面表示を上下に二分割で表示することができます。

通話

PART 3

Q. グループトークからグループ通話に切り替えられる?

A. グループトークからグループ通話への切り替えもできます

グループトークでは、グループに参加している複数のメンバーで「グループ音声通話」を行うことができます。最大200人のメンバーと同時通話が可能です。トークルームで「グループ音声通話」を実行すると、メンバーには通知が届き、トークに「グループ音声通話」参加リンクが表示されます。この際、通常の無料通話のように呼び出し画面は現れず、呼び出し音も鳴りません。

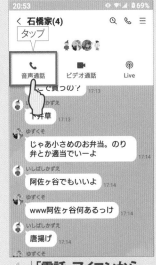

1 「電話」アイコンから「音声通話」を選択

トークルームの「電話」→「音声通話」を順番にタップします。トークルームに「グループ音声通話」のリンクが送信されます。

2 「グループ音声通話」のリンクから通話に参加

受信した側は表示されたメッセージの「参加」をタップすることで「グループ音声通話」に参加できます。

3 複数のメンバーと同時通話が可能

複数メンバーと同時通話が可能です。基本的な操作は「無料通話」と同じです。

Q. LINEの通話機能を一切使いたくない場合はどうする?

A. LINE通話の着信許可をオフに設定します

LINEの通話機能を一切使いたくない場合は、通話の着信許可をオフに設定します。通話の着信許可をオフに設定すると、LINEの友だちからの音声通話はもちろん、ビデオ通話やIP通話も含むLINEからの通話の着信すべてを拒否することができます。通話機能をオフ状態で音声・ビデオ通話の着信があった場合はトークルームに応答不可のメッセージが画面に表示されます。

1 「通話」をタップする

メインメニュー「ホーム」→「設定」→「通話」を順番にタップします。

2 「通話の着信許可」をオフに設定する

「通話」の設定画面の「通話の着信許可」をオフに設定します。

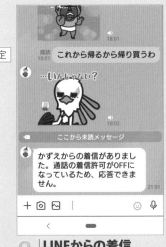

3 LINEからの着信を一切拒否

LINEからの着信が一切拒否されます。LINE通話の着信許可がオフの状態で着信があると、応答不可のメッセージが画面に表示されます。この機能はあくまで着信のみを拒否する機能です。こちらから発信する場合は通常通り通話できます。

Q. LINEの着信音って1種類しかないの?

A. 複数あります。お気に入りのものに変更しましょう。

LINEの着信音は最初に設定されているものを含め合計4種類がデフォルトで用意されています。またLINE MUSICを利用している場合は、連動させLINE MUSICの中からお気に入りの楽曲を選択することも可能です。着信音の変更は、LINEの通話設定から行うことができます。気分に合わせて変更したり、自分が聴きやすいものに変更したりすると良いでしょう。着信音だけでなく、同様の手順で「呼出音」の変更も可能です。

1 「通話」をタップする

着信音や呼出音の設定をするには、LINEアプリの「ホーム」→「設定」→「通話」の順でタップをしていきます。

2 「着信音」をタップする

通話の設定画面が開いたら「着信音」「呼出音」の変更したいものをタップします。

3 着信音を選んでタップ

デフォルトで用意された音は4種類。好きなものを選んでダウンロードして設定しましょう。

Q. 通話がうまくできないのだけど、スマホが悪いの?

A. 「通話機能テスト」でトラブル原因を確認しましょう

無料で利用できるので電話の代わりにLINEの通話機能を使っている人も多いと思います。そのため通話の不調は大きなストレスになります。多くの場合は設定に問題があることが多いですが、中にはスマートフォン自体の不調が原因となる場合があります。「通話機能テスト」を行えば、マイク、スピーカー、カメラの動作を確認し、トラブルの原因を手早く確認することが可能です。

1 「テスト通話」をタップする

「ホーム」→「設定」→「通話」→「通話機能テスト」をタップします。

2 テスト結果を待つ

自動的に通話機能のテストが開始されるので待ちましょう。テストは数秒で終わります。

3 結果をチェックする

結果をチェックします。マイク、スピーカー、インカメラに異常がなければそれぞれに「レ」が入ります。

銀行口座を登録しない
「スマホでかんたん本人確認」が便利!

　LINEでは一部の機能を利用するためには、本人確認が必須な場合があります。基本的には銀行口座を登録することになりますが、銀行口座を登録するのに抵抗がある方もいるでしょう。そんな方はオンライン上のみで本人確認ができる「スマホでかんたん本人確認」の利用がオススメです。「スマホでかんたん本人確認」は、氏名や住所などが記載された身分証さえあれば、あとは各情報を入力して身分証の画像をオンラインでアップするだけで、本人確認が完了します。

1 LINE Payの設定を開く

「ウォレット」→「LINE Pay」をタップしたら画面の下までスクロールをして「設定」→「本人確認」をタップします。

2 「スマホで簡単本人確認」をタップ

「スマホでかんたん本人確認」をタップし、スクロールして表示された規約を確認し同意します。

3 パスワードを設定する

パスワードを設定し、次の画面で項目の情報をすべて入力します。

4 身分証を撮影し、アップロードする

身分証をアップロードします。アップロードする身分証を選択し、カメラで撮影します。利用可能な身分証は「運転免許証」「在留カード」「特別永住証明書」「運転経歴証明書」「マイナンバーカード」です。

5 顔写真を撮影する

自分の顔写真を撮影します。何パターンか指示が出ますので、その通りに撮影します。これで登録完了です。

ウォレット

メインメニュー「ウォレット」の機能をチェックしよう

LINEの「ウォレット」でキャッシュレス決済サービスである「LINE Pay」をはじめ、LINEのお金にまつわる色々な機能を利用することができます。LINEアプリのみで利用できるものも多いですが、性質上新たに登録をしたり、アプリをインストールして利用するものもあります。まずは「ウォレット」で何ができるか確認しましょう。

「ウォレット」の画面構成

「ウォレット」画面

❶ウォレット／資産
タップして「ウォレット」「資産」タブの切り替えを行います。

❷LINE Pay
タップすると「LINE Pay」が開きます。ログインした状態だとチャージ残高、コード読み込みや表示へのショートカットが表示されます。

❸マイカード
LINEとの連携に対応しているお店のポイントや会員証をLINEに集約することができます。

❹LINEポイントクラブ
LINE Payでの買い物の際に利用できるお得なポイントを獲得したり、履歴を確認することができるLINEポイントクラブへ移動します。

❺クーポン
お得なクーポンを探すことができます。

❻もっと見る
その他のウォレットのサービスが表示されます。中には登録しないと利用できないものや他のアプリが必要なものもあります。

❼お得情報
ポイントやチラシなどのお得な情報が並びます。下にスワイプしてさまざまな情報を見ることができます。

「資産」画面

❶ウォレット／資産
タップして「ウォレット」「資産」タブの切り替えを行います。

❷資産合計
LINEウォレットに登録されている資産額の合計が表示されます。

❸更新ボタン
タップすると最新の情報に更新されます。

❹LINE Payの資産
LINE Payにチャージされている残高が合計資産として表示されます。利用していない場合は表示されません。

❺LINE証券の資産
LINE証券の合計資産が表示されます。利用していない場合は表示されません。

❻LINE BITMAXの資産
LINE BITMAXの総資産が表示されます。利用していない場合は表示されません。

❼LINE FXの資産
LINE FXの資産が表示されます。利用していない場合は表示されません。

❽LINEポイント
保有しているLINEポイントが表示されます。

❾LINE BITMAX WALLET開設
LINE BITMAXを利用する際に必要なWallet開設ページのショートカットです。

LINEの「ウォレット」で利用できる主な機能

LINE Pay

LINEのキャッシュレス決済サービスです。簡単な登録を行えば他にアプリを導入することなくLINEアプリだけで利用可能です。

LINEポイント

1ポイント=1円相当で利用できるお得なLINEポイントを獲得したり利用したりすることができます。

マイカード

LINEとの連携に対応しているお店のポイントや会員証をLINEに登録して一括管理することができます。

クーポン

実際の店舗やオンラインショップで利用可能なお得なクーポンをチェック、入手することができます。

チラシ

住所をあらかじめ設定しておき、その場所の近所のお店のチラシを確認することができます。

ショッピング

LINEが運営する総合通販サイト、LINEショッピングを経由して、リンク先のオンラインショップで買い物ができます。

レシート

レシートをスマートフォンのカメラで撮影するだけで、支出管理が可能な家計簿をつけることができます。

証券

1株から安い手数料で利用可能な、手軽に始められるスマートフォン専用の株式投資LINE証券が利用できます。

ギフト

LINEの友だちにギフトを送ることができます。LINEの友だちであれば住所を知らなくてもプレゼントを贈ることが可能です。

ウォレット

貯めるとお得なLINEポイントを利用する

「LINEポイントクラブ」は、企業CMの閲覧や友だち追加などの条件をクリアすることでポイントを貯めることができるサービスです。ポイントは「LINE Pay」や「LINEコイン」などに交換したり、スタンプや着せ替えの購入などにも利用できます。コツコツ貯めていくことで生活に役立ったり、無料でスタンプを購入できたりします。

LINEポイントクラブの画面構成

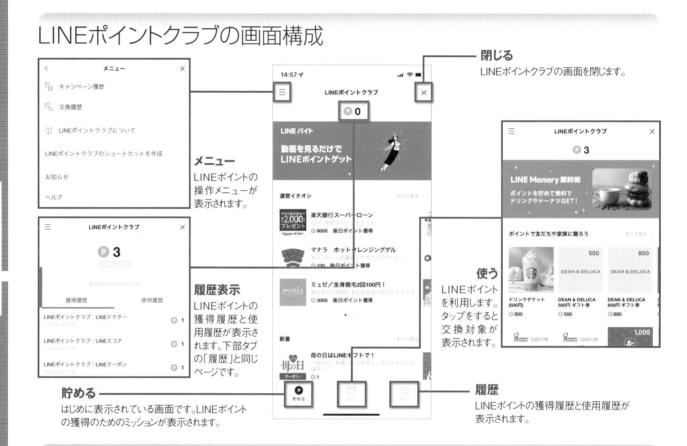

閉じる
LINEポイントクラブの画面を閉じます。

メニュー
LINEポイントの操作メニューが表示されます。

履歴表示
LINEポイントの獲得履歴と使用履歴が表示されます。下部タブの「履歴」と同じページです。

使う
LINEポイントを利用します。タップをすると交換対象が表示されます。

貯める
はじめに表示されている画面です。LINEポイントの獲得のためのミッションが表示されます。

履歴
LINEポイントの獲得履歴と使用履歴が表示されます。

LINEポイントの主な獲得ミッション

友だち追加
指定のアプリやゲーム、企業の公式アカウントを友だち登録してポイントを獲得します。即時ポイントが配布されます。

アプリインストール
指定のアプリ・ゲームをスマホにインストールしてポイントを獲得します。即時ポイントが配布されます。

記事を読む
指定された記事をリンク先で閲覧してポイントを獲得します。中には同時に友だち追加されるものもあります。

お試し会員登録
指定の有料サービスやアプリを会員登録してポイントを獲得します。即時ポイントが配布されます。

動画視聴
指定の動画を視聴してポイントを獲得します。即時ポイントが配布されます。

クレジットカード発行
指定のクレジットカードを発行してポイントを獲得します。ポイント配布まで一定の時間がかかります。

ミッションをクリアしてLINEポイントを集める

1 「ポイントクラブ」を選択して画面表示

メインメニュー「ウォレット」の「ポイントクラブ」をタップすると「ポイントクラブ」専用画面が表示されます。

2 ミッションを選び条件を達成する

動画の視聴や友だち登録、公式アカウントのキャンペーンなど様々なミッションから、条件が達成可能なものを選んで実行します。

3 条件をクリアしてポイントをゲット

手順2で選んだ条件をクリアすると指定のポイントを入手することができます。

4 LINEウォレットからトークが届く

LINEポイントを獲得すると公式アカウント「LINEウォレット」からLINEトークが届きます。

ミッションをクリアして集めたLINEポイントを交換する

1 「ポイントクラブ」を選択して画面表示

メインメニュー「ウォレット」の「ポイントクラブ」をタップすると専用画面が表示されます。

2 LINEポイントの「使う」をタップ

「LINEポイント」画面から「使う」を選択して、交換したい項目や有料ギフト券を選びます。

3 交換したいものを選んでタップ

交換したい対象が決まったら実行します。

4 公式トーク画面で確認

ポイントの交換が完了すると公式アカウント「LINEウォレット」に通知が届きます。

P OINT

電話番号を登録しないと利用できない

電話番号をLINEに登録しないとLINEポイントは利用できません。そのためFacebook認証でLINEアカウントを取得したユーザーは電話番号をLINEに登録する必要があります。また、LINEポイントの確認はLINE公式アカウントのひとつ「LINEポイント」で確認します。LINEポイントを初めて利用する際に「LINEポイント」の友だち登録を促されるので、登録しておきましょう。

LINEに電話番号をしないとLINEポイントは利用できないので、事前に電話番号を登録しておきましょう。

LINE公式アカウント「LINEポイント」でLINEポイントを確認できます。「LINEポイント」を友だち登録しておきましょう。

LINE Payを登録して
モバイル決済を利用しよう

LINE Payは、LINEアプリに組み込まれたモバイル決済サービスです。「ウォレット」の最も重要な機能で、サービスに対応したお店での支払いや送金、出金などさまざまな便利機能を備えています。登録も簡単で、LINEアプリのみで利用可能なので、ぜひ使ってみましょう。

LINE Payとは？ まずはできることをチェックしよう

LINE Payを利用をするには、支払い方法の登録などいくつか準備が必要ですが、それさえ行えば新たにアプリをダウンロードしたりする手間も不要で、実際のお店で買い物をすることが可能になります。また支払いだけでなく出金や送金、銀行振り込みなどの機能も備えており、モバイル決済サービスの入門としてもオススメです。まずはLINE Payに備わった機能をチェックしてみましょう。

決済に使う

実際のお店やオンライン、請求書などで支払いを行う機能です。支払いを行うには、あらかじめ残高をチャージするか、Visa LINE Payクレジットカードを登録し、紐付けして支払いができるようにする必要があります。

送金・送金依頼をする

LINE Payを利用しているLINEの友だち同士で利用可能です。LINE Payを使って実際に送金したり、必要な金額の送金の依頼をすることができます。

出金する

チャージした残高を出金することができます。出金は、セブン銀行または登録した自身の銀行口座に行います。利用には、本人確認が必要で、220円の手数料がかかります。

割り勘で支払う

LINE Payを利用している友だちと簡単に割り勘ができます。計算から送金依頼まですべて行ってくれるので、飲み会の幹事などは使い方次第で非常に便利です。

LINEアプリからLINE Payアカウントを登録する

　LINE Payを利用するためには、事前にアカウントを登録してパスワードを設定する必要があります。アカウントの登録はLINEアプリで行うことができるので、新たに専用のアプリをダウンロードするなどの手順は必要ありません。注意したい点としては電話番号が未登録になっているLINEでは、LINE Payを利用できませんのであらかじめ登録はしておきましょう。

1 「LINE Payをはじめる」をタップする

LINE Payアカウントの取得は、LINEアプリのメインメニュー「ウォレット」をタップして「LINE Payをはじめる」をタップしましょう。

2 「はじめる」をタップする

説明画面が表示されます。「はじめる」をタップしましょう。

3 規約に同意する

利用規約、プライバシーポリシー、情報提供ポリシーの同意が求められます。「>」をタップして内容を確認したら「すべてに同意」にチェックをして「新規登録」をタップします。

4 登録が完了 LINE Payに戻る

端末によってはコンテンツを推薦するページが表示されます。いったん「×」をタップしてページを閉じましょう。

LINE Payの画面構成

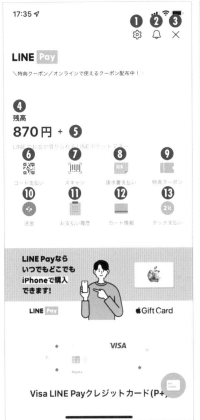

❶設定
LINE Payの設定画面です。登録情報やパスワードの変更をはじめ、LINE Payに関するさまざまな設定を変更できます。

❷お知らせ
LINE Payに関するお知らせが表示されます。

❸×(閉じる)
LINE Payの画面を閉じてウォレット画面に戻ります。

❹残高
LINE Payにチャージしている金額の残高が表示されます。

❺+(チャージ)
LINE Pay残高をチャージすることができます。

❻コード支払い
実際の店舗での決済の際に利用可能なコードを作成します。

❼スキャン
コードリーダーを起動してバーコードやQRコードを読み取ることができます。

❽請求書払い
公共料金など対応している請求書の支払いができます。

❾特典クーポン
LINE Payでの決済時に使えるクーポンを表示します。

❿送金
LINEの友だちに送金できる機能です。

⓫お支払い履歴
LINE Payの支払いの履歴を確認できます。

⓬カード情報
登録されたLINE Payプリペイドカードの情報を確認します。

⓭タッチ支払い
LINE PayプリペイドカードをApple Payに設定することで、IDやVisaのタッチ決済を利用できるようになります。

⓮便利な機能
画面を下にスクロールしていくと、そのほかの便利な機能が一覧で表示されます。利用したい機能をタップしましょう。

LINE Payにチャージして残高を増やす

　LINE Payで支払いや送金をするには、アカウントにお金を入れる「チャージ」が必要になります。LINE Payのチャージ方法は5つ。「銀行口座」「セブン銀行ATM」「ファミリーマート」「LINE Payカード」「オートチャージ」です。自分の使いやすいチャージ方法を選択しましょう。

LINE Payに用意された代表的なチャージ方法

銀行口座

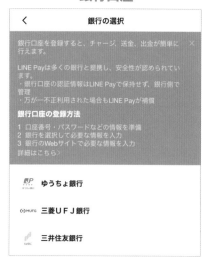

あらかじめ登録をした銀行口座からチャージをする方法です。スマホひとつでいつでもどこでもチャージできる手軽さの反面で、銀行口座をLINE Payに登録する必要があります。

セブン銀行ATM

セブンイレブンに設置されているATMでチャージをする方法です。実際にセブンイレブンの店舗に向かいATMを操作する必要があります。

ファミリーマート

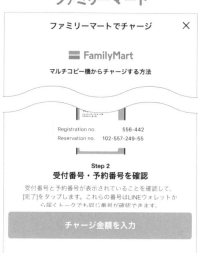

ファミリーマートに設置されたマルチコピー機でチャージを行う方法です。セブンイレブン同様、実際に店舗でコピー機を操作する必要があります。

LINE Payカード

LINE Payカードを使って、ローソンのレジでチャージを行う方法です。チャージ方法はシンプルですが、LINE Payカードの現物を持っている必要があります。

オートチャージ

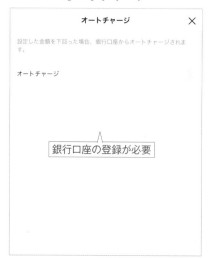

あらかじめ金額を設定し、チャージ残高がその金額を下回ると自動的にチャージします。銀行口座からチャージをすることになるので、銀行口座の登録が必須となります。

POINT

　LINE Payカードの実際のカードの発行は2020年12月で終了しています。そのためローソンでのチャージは、すでにカードを所持している人に限ります。カードがない場合はセブンイレブンかファミリーマートでチャージしましょう。

　なお、似たような名称で現在もLINEですぐに発行できるヴァーチャルカードに、Visa LINE Payプリペイドカードがありますが、こちらにチャージすることもできません。

PART 4

コンビニで残高をチャージする

　登録や手続きをすることなく、導入直後から手軽に利用可能なチャージ方法がコンビニを利用したチャージです。主に利用できるものがセブンイレブンのセブン銀行とファミリーマートのマルチコピー機になります。とも

にチャージは最低1,000円からで、スマートフォン上と実際のコンビニでの操作が必要となります。銀行口座の登録を行わない場合は基本のチャージ方法となるため必ずマスターしましょう。

1 「チャージ」をタップする

LINE Payにコンビニでチャージをする場合は、LINE Payの残高の横の「+」をタップしましょう。

2 チャージ方法を選んでタップ

チャージ方法が表示されるので選んでタップしましょう。セブンイレブンなら「セブン銀行ATM」、ファミリーマートなら「ファミリーマート」を選択します。

3 「セブン銀行ATM」でチャージする

セブンイレブンは、店舗のATMで「スマートフォンで取引」を選択します。コードが表示されたらスマホ上の「QRコードをスキャン」をタップして読み取りましょう。

4 ファミリーマートでチャージする

❶金額を入力

❷タップして、店舗のマルチコピー機を操作、指示に従いレジで支払い

ファミリーマートは、スマホ上でチャージ金額を入力し、「受付番号・予約番号を発行」をタップ。あとは実際の店舗のマルチコピー機を操作し、レジで支払いを行います。

ウォレット

銀行口座を登録して口座から残高をチャージする

　LINEに銀行口座をあらかじめ登録すると本人確認ができると同時に、LINE Payのチャージにも利用することができます。銀行口座からチャージする最大のメリットは、スマホひとつでチャージを完了できること

です。登録が完了したらチャージ画面より「銀行口座」を選択してチャージしたり、金額を設定してオートチャージを利用できるようになりますので、ぜひ活用しましょう。

1 「銀行口座」をタップする

銀行口座を登録するためには、まずLINE Payの「銀行口座」をタップしましょう。

2 銀行を選択する

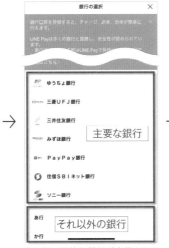

主要な銀行

それ以外の銀行

取り扱い可能な銀行が表示されます。主要な銀行は上段に、そこにない地方銀行などを探す場合は下段の行をタップして探しましょう。

3 必要情報を登録する

情報を登録する

氏名、生年月日、住所などの個人情報の入力が求められるので入力し、全ての入力が終わったら「次へ」をタップしましょう。

4 銀行口座の情報を登録

ログインして利用する

各銀行のサイトに繋がります。銀行ごとに画面が異なりますので、画面の指示に従い必要情報を入力すれば銀行口座の登録は完了です。これでチャージに利用できます。

実際の店舗にもネットにも使える

LINE Payを使って支払いをする

　LINE Payで買い物をするためには、92ページで紹介した方法で事前に残高をチャージするか、クレジットカードを登録してオートチャージを行った残高から支払いを行います。お店での実際の支払は、LINE Payでコードを表示しお店に読み込んでもらう方法とお店に提示されたコードを読み取る方法の2種類がメインとなります。

LINE Payで使える支払い方法

　LINE Payで実際に買い物を行う際の支払方法は、LINE Payにあらかじめ金額をチャージしてその金額内で決済する方法、クレジットカードを登録、LINE Payに紐づけることでオートチャージを行う方法があります。またキャンペーンや各種サービスなどで貯めたLINEポイントを1ポイント1円相当で支払いに利用することも可能です。それぞれの支払方法を把握して自分に合ったものを選択しましょう。

LINE Payに残高をチャージして支払う

チャージ方法は5つ

Suicaなどと同様にあらかじめ残高をLINE Payにチャージし、支払いを行います。チャージ方法に関しては92〜93ページで解説した通りです。手続きなどの必要もなくもっともオーソドックスと言えます。

クレジットカードを紐付けて支払う

クレジットカードを登録、LINE Payに紐づけることで翌月クレジットカードの請求として支払う方法です。チャージ残高を気にしなくてよい反面、クレジットカード登録の必要があります。

LINEポイントを利用して支払う

LINEの各種サービスやキャンペーンなどで獲得したLINEポイントを、支払いに利用する方法です。ポイントが沢山あればそれだけで買い物することも可能です。

POINT

クレジットカードの登録方法

　LINE Payにクレジットカードを登録する方法は意外とシンプルです。LINE Payの画面で、「クレジットカードの登録」→「＋」をタップ。必要なカード情報を登録していき「登録」をタップするだけです。またカードスキャン機能を使えば、スマートフォンのカメラで実際に持っているカードを読み込むことで、簡単に番号などを登録していくことができます。

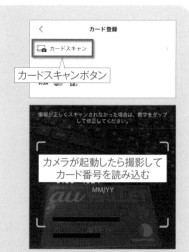
カードスキャンボタン

カメラが起動したら撮影してカード番号を読み込む

お店でLINE Payで支払いをしよう

LINE Payの支払いの基本となるのが「コード支払い」です。主な利用方法は、LINE PayでQRコードやバーコードを生成、お店に読み取ってもらう方法と、提示されたバーコードを自分で読み取る2種類の方法があります。ともに基本となる操作で、お店によって利用方法が異なりますので、必ずマスターしておきましょう。

1 コードを表示させて支払う方法

LINE Payの画面の「コード支払い」をタップすると自動的にコードが作成され画面に表示されます。あとはスマートフォンの画面をお店に提示して読み取ってもらいましょう。

2 コードを読み取って支払う方法

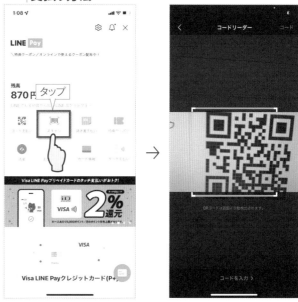

LINE Payの画面の「スキャン」をタップします。カメラが起動するので、そのまま支払いをしたい商品のQRコードやバーコードを読み取りましょう。

LINE Payの請求書支払い

対応している一部企業や公共料金の請求書は、LINE Payでの支払いが可能です。自宅に送付された請求書のバーコードをLINE Payで読み取り支払いをしましょう。

請求書のバーコードを読み取る

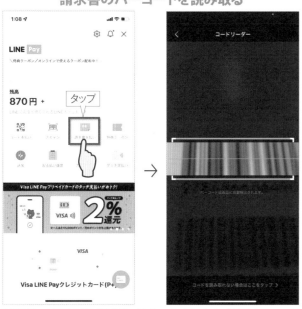

LINE Payの画面の「請求書支払い」をタップします。カメラが起動するので、そのまま支払いをしたい商品のQRコードやバーコードを読み取りましょう。

LINE Payのネット支払い

LINE Payは、支払い方法にLINE Payが対応しているネットショップの支払いにも利用することができます。支払い時に表示された「LINE Pay」を選択しましょう。

ネットでの支払いに利用する

対応したサイトではLINE Payでの支払いが可能。支払い方法の「LINE Pay」を選択して各サイトの指示に従いましょう。

LINE Payで 友だちに送金する

　LINE Payの送金機能なら、LINE Payの設定で銀行口座を登録、本人確認さえ済ませてしまえば手数料無料でスマートフォンだけでLINEの友だちに送金ができます。送金は一日最大10万円まで、送金が完了すると送った友だちとのトークルームにメッセージが表示され、すぐに友だちのLINE Pay残高に反映されます。

送金機能を利用して友だちに送金する

1 「LINE Pay」の 「送金」をタップ

「ウォレット」タブを開いて「送金」をタップします。送金機能を利用するには本人確認が必要です。

2 「送金・送付」を タップする

「送金・送付」をタップしましょう。「口座に振込」で直接友だちの口座に振込むことも可能です。

3 送金する友だちを 選択する

LINEの友だちリストが表示されます。送金したい友だちを選択してタップします。

4 金額を設定して 送金する

画面の下に表示されたテンキーで送金する金額を入力します。上部に表示された金額を確認して「次へ」をタップします。

5 「送金・送付」を タップする

送金の際に送られるメッセージを入力しスタンプを選択したら「送金・送付」をタップします。

6 送金が 完了する

確認メッセージが表示されます。「確認」をタップすれば送金が実行されます。

POINT

銀行口座への 振り込みも可能

　LINE Payの送金機能を利用すれば、LINEを利用していない知り合いの銀行口座への振り込みや、残高を自身の口座へと振り込みすることもできます。操作方法は、最初の「送金」画面で、「口座に振込」をタップするだけです。後は、ATMで銀行に振り込む感覚で、振込先の情報を入力していきます。

LINE Payで友だちに送金依頼する

"立替えていたお金が今必要になった" "貸していたお金を送金してもらう" など、友だちにLINEで支払いをお願いできるのが「送金依頼」機能です。依頼時にLINEキャラのメッセージカードを添えて伝えるので実際には言いづらいお金の話も伝えやすいのが強みです。

LINEの友だちに送金依頼をする

1 「LINE Pay」の「送金」をタップ

「ウォレット」タブを開いて「送金」をタップします。送金機能を利用するには本人確認が必要です。

2 依頼をする友だちを選ぶ

「送金・送付依頼」をタップし、表示されたリストから送金する友だちを選んでタップします。

3 送金依頼の金額を設定

送金を依頼する金額を入力し「次へ」をタップします。

4 メッセージを入力して送信

画面が切り替わったら同時に送信するメッセージを入力し、スタンプを選択して「送金・送付を依頼」をタップしましょう。

送金依頼を受取ったときは…

1 送金依頼を受けると

友だちから送金依頼が届くとトークルームに表示されます。タップして詳細を確認しましょう。

2 「送金・送付」をタップ

メッセージなどが記載された詳細が表示されます。LINE Payで送金できる場合は「送金・送付」をタップしましょう。

3 「確認」をタップする

送り主が本当に友だちか確認のメッセージが表示されます。問題なければ「確認」をタップしましょう。

4 パスワードを入力する

パスワードの入力を求められたら入力しましょう。これで送金依頼に応じて友だちに送金ができます。

ウォレット

困ったを解決する**ウォレット**のQ&A

Q. LINEで家計簿をつけられるって本当?

A. LINEレシートを使えばLINEだけで簡単に家計簿を作れます。

「ウォレット」にある「LINEレシート」を利用すれば簡単に家計簿を作成でき、支出管理をすることができます。利用方法は簡単。「LINEレシート」を起動してスマートフォンのカメラでお店で貰ったレシートを読み込むだけ。あとは読み込んだレシートの情報に基づき、自動的に支出の内訳や月別、年別の増減のグラフを作成してくれます。

1 「レシート」をタップする

LINEレシートを使うときは、まずウォレットタブの「レシート」をタップしましょう。

2 レシートを撮影する

「レシートを撮影する」をタップし、続けて「写真を撮る」をタップします。あとはスマホのカメラでレシートを撮影しましょう。

3 利用レポートで支出を確認する

登録が完了したレシートに基づき自動的にレポートが作成されます。登録したレシートは下部に表示されているのでタップをすれば明細が確認できます。「利用レポート」をタップすると、支出の内訳や月別、年別の増減のグラフが確認できます。

Q. LINEクーポンってお得?どうやって使えばいいの?

A. お店で使えるお得なクーポンです。ワンタップで簡単に使えます。

「LINEクーポン」は、その名通りお得なクーポン券をゲットできるサービスです。LINEに配信されているクーポンを提示するだけで実際のお店での買い物や食事をお得にすることができます。クーポンの利用は、表示されたクーポン番号を店員に伝える場合と、バーコードを提示する2パターンがあります。

1 クーポンを探す

利用可能なクーポンを探すには、メインメニューの「ウォレット」→「クーポン」をタップしましょう。

2 使いたいクーポンをタップ

クーポンが表示されます。利用したいクーポンをタップしましょう。

3 「クーポンを使う」をタップ

クーポン詳細画面下部の「クーポンを使う」をタップします。

4 クーポンを利用する

クーポンが表示されます。クーポンは番号とバーコードが表示される2パターン。店員に提示して利用しましょう。

Q. LINEコインはクレジット以外でもチャージできる?

A. LINEのプリペイドカードを購入してLINEストアにチャージします

LINEコインのチャージは、App Store やPlayストアを経由しないと行えません。どうしてもそれ以外の方法でスタンプや着せ替えを購入したい場合は、LINEの ウェブストアにセブンイレブン・ファミリーマート・ローソンの各コンビニで購入できるプリペイドカードを使ってチャージすることで代用します。購入したカードの裏 面を削って、表示されるコードを入力すると、金額分がチャージされます。ただし、ストアにチャージをしてもLINE上のコインは増えないので注意しましょう。

1 LINEウェブストアにアクセス
ウェブブラウザアプリでLINEストア(http://store.line.me)にアクセスします。

2 「チャージする」をタップする
LINEストアが表示されたら「チャージする」をタップし、決済方法選択の画面で「LINEプリペイドカード」を選択します。

3 コードを入力してチャージする
コンビニで購入したプリペイドカードの裏面のPINコードを入力してチャージしましょう。

POINT

LINEコインと残高チャージはまったく別物!
LINEウェブストアの残高チャージとLINEコインとは全く別物です。

Q. LINE Payにチャージしたお金は現金化できる?

A. 手数料はかかりますが登録した銀行口座を通して出金可能です

本人確認をしておけば、LINE Pay残高を登録した銀行口座を通して出金することができます。多くチャージしたものの 意外と使わないとき、友だちから送金された金額を現金化したいときに使いましょう。ただし、出金には、220円の手数料が かかるうえ、夜間や休日など銀行が営業していない時間帯は利用できなくなるので、注意しましょう。

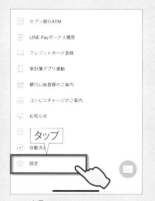

1 「LINE Pay」→「設定」をタップ
メインメニューの「ウォレット」→「LINE Pay」→「設定」を順番にタップします。

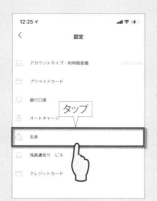

2 「出金」をタップする
LINE Payの設定画面の「出金」をタップします。

3 銀行口座を選択する
登録している銀行口座が表示されます。出金したい銀行口座を選んでタップします。

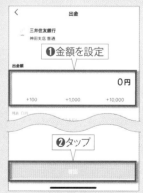

4 金額を設定して出金する
出金する金額を入力して、確認をタップすれば完了です。

困ったを解決する ウォレット のQ&A

Q. 現金で割り勘をすると面倒くさいけど良い方法がないか?

A. LINE Payの割り勘機能を使ってみましょう。

LINE Payには便利な割り勘機能が備わっています。幹事が割り勘のグループを作成し、QRコードを作成します。あとはメンバーにQRコードを読み取ってもらいましょう。QRコード読み取りの際、支払いを行うメンバー側は、「LINE Pay」で支払うか「現金」で支払うかが選択できるのでLINE Payを利用していない人には「現金」を選択してもらえば良いでしょう。

1 「割り勘」をタップする

割り勘機能を利用するためにはまず幹事がQRコードを作成します。LINE Payの「割り勘」をタップしましょう。

❶名前を入力
8月飲み会
❷タップ

2 割り勘を作成する

新たに「割り勘」を作成します。割り勘の名前を入力して「QRコード作成」をタップしましょう。

3 QRコードができ上がる

これで画面にQRコードが作成されます。割り勘をするメンバーに完成したQRコードをスキャンしてもらいましょう。幹事は「支払う」をタップして会計をします。

4 支払い方法を選択する

コードを読み取ったメンバーはLINE Payで支払うか現金で支払うかを選びましょう。LINE Payを使っていない場合は現金しか選択できません。

Q. LINE Payの解約方法がわからないんだけど?

A. LINE Payの設定画面より解約処理を行います

LINE Payの解約は、LINE Payの設定画面から行うことができます。LINE Payを起動したら「設定」→一番下の「解約」の順にタップします。あとは画面の注意事項を読んで、「解約」をタップするだけです。残高がある場合は解約処理が行えないため、あらかじめ使い切るか残高を破棄する必要があります。

1 「設定」をタップする

LINE Payを解約するには、まずLINE Payを起動して「設定」アイコンをタップし、設定画面を開きましょう。

2 「解約」をタップする

設定画面が開いたら一番下までスクロールし、「解約」をタップしましょう。

3 「解約」をタップする

画面の説明を読んで大丈夫なら一番下の「解約」をタップします。残高がある場合や連動サービスがある場合は処理できないので注意しましょう。

POINT

LINE Payを解約できない条件

前述した残高がある場合だけでなく、送金や決済処理が途中のとき、LINE Payが利用停止になっているとき、LINE保険など連動サービスに加入しているとき、パスワードが未設定のときなどは解約を行うことができません。

P
A
R
T
4

LINE VOOM&
ニュース、その他

ショートムービーなどを楽しめるLINEの動画プラットフォーム

LINE VOOMの基本操作を覚える

「LINE VOOM」とは、ショート動画などを楽しめるLINEの動画プラットフォームです。LINE上の友だちの繋がりとは別に、気になるユーザーを「フォロー」することで気軽にSNS感覚で利用することが出来ます。

「LINE VOOM」を表示する

1 「LINE VOOM」をタップする

メインメニューの「LINE VOOM」をタップするとLINE VOOMが表示されます。

2 「おすすめ」を表示する

LINE VOOMの「おすすめ」タブをタップすると「おすすめ」画面が表示されます。

3 「フォロー中」を表示する

LINE VOOMの「フォロー中」タブをタップすると「フォロー中」画面が表示されます

4 LINE VOOMへ投稿する

LINE VOOMへ投稿するときは、「フォロー中」の画面右上の「+」をタップします。

「LINE VOOM」の画面構成

◀「おすすめ」画面   「フォロー中」画面▶

❶表示切替
タップすると「おすすめ」と「フォロー中」の画面が切り替わります。

❷アカウント設定
フォローやフォロワー数の確認やLINE VOOMの設定を行います。

❸メイン画面
LINE VOOMに投稿された情報が表示されます。

❹フォロー
LINE VOOMの投稿者のアカウントをフォローできます。

❺「+」投稿
LINE VOOMに投稿をするときにタップします。

❻検索
LINE VOOMの投稿をキーワードで検索できます。

❼ストーリー
ストーリーを投稿したり、フォローしたユーザーによって投稿されたストーリーが表示されます。

PART 5

「LINE VOOM」の設定画面を開く

1 アカウントアイコンをタップする

「おすすめ」もしくは「フォロー中」画面の右上部にある自分のアカウントのアイコンをタップします。

2 アカウントメニューの「設定」をタップする

アカウントメニューの「設定（歯車）」アイコンをタップします。

3 設定画面が表示される

LINE VOOMの設定画面が表示されます。設定を変更したい項目をタップすると各種設定が行えます。

4 LINE VOOMのトップ画面に戻る

設定画面の「＜」→アカウントメニューの「×」を順番にタップするとLINE VOOMのトップ画面に戻ります。

LINE VOOMの各種設定を変更する

1 設定画面を表示する

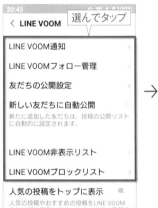

アカウントメニューの「設定（歯車）」アイコンをタップして設定画面を開き、設定を変更したい項目をタップします。

2 LINE VOOM通知の設定を変更する

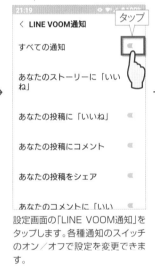

設定画面の「LINE VOOM通知」をタップします。各種通知のスイッチのオン／オフで設定を変更できます。

3 友だちの公開設定を変更する

設定画面の「友だちの公開設定」をタップします。友だち一覧の公開／非公開をタップして設定します。

4 自動公開設定を変更する

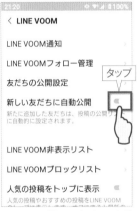

設定画面の「新しい友だちに自動公開」のスイッチのオン／オフで設定を変更できます。

OINT

LINE VOOMの投稿の表示設定を変更する

LINE VOOMの各種設定ではLINE VOOMの投稿の表示方法も変更できます。LINE VOOMの設定画面の「人気の投稿をトップに表示」のスイッチをオンにすると人気順に投稿が表示されるようになります。スイッチをオフにすると最新順に表示されるようになります。

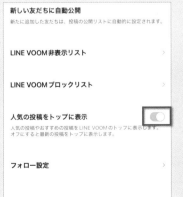

「人気の投稿をトップに表示」のスイッチのオン／オフで人気／最新の表示を切り替えます。

LINE VOOMに投稿する

　LINE VOOMに投稿できる情報は文章、画像、動画、スタンプ、撮影画像、撮影動画など多岐に渡ります。公開範囲も全体公開、友だちだけ、自分のみと投稿する情報に応じて設定することができます。LINE VOOMへの投稿は「LINE VOOM」タブから可能で、「ホーム」のプロフィール画面から投稿することもできます。

LINE VOOMに投稿をする

1 「+」をタップして投稿画面を開く

「LINE VOOM」をタップして「フォロー中」画面の「+」をタップして投稿メニューを表示します。

2 投稿メニューの「投稿」をタップする

投稿メニューが表示されたら「写真・テキスト」ボタンをタップすると投稿画面が表示されます。

3 公開範囲を設定する

投稿画面の「▼」をタップ、公開範囲を選んでタップして、投稿の公開範囲を設定します。

4 投稿する文章を入力する

投稿画面をタップして投稿する文章を入力します。

5 保存画像／動画を添付する

「画像」ボタンをタップすると端末に保存してある画像や動画を投稿に添付できます。

6 画像／動画を撮影して添付する

「カメラ」ボタンをタップするとカメラが起動してリアルタイムに撮影した画像や動画を添付できます。

7 スタンプを添付する

「スタンプ」ボタンをタップするとLINEスタンプを投稿に添付できます。

8 「投稿」ボタンをタップして投稿完了

すべての入力が完了したら「投稿」ボタンをタップするとLINE VOOMへ投稿が完了します。

LINE VOOMの投稿や情報を見る

　LINE VOOMにはLINE上の友だちの投稿だけでなく、ほかのLINEユーザーの投稿も表示されます。ほかのユーザーの投稿にコメントしたり、フォローしたり、自分が投稿した情報のコメントに返信したり、LINE上に新たなつながりができるのがLINE VOOMの醍醐味でもあります。

LINE VOOMに投稿された情報を見る

1 投稿された情報を見る

LINE VOOMの投稿は縦スクロールで次から次へと表示されるので、端末の画面を上下にスクロールさせて投稿を見ていきます。

2 「いいね」をつける

お気に入りの投稿を見つけたら「いいね」ボタンをタップして「いいね」をつけてみましょう。

3 ほかのユーザーをフォローする

お気に入りのユーザーを見つけたら「フォロー」をタップすると投稿したユーザーをフォローできます。

4 フォローを解除する

フォローしたユーザーを解除するときは「フォロー中」をタップして「解除」をタップすると解除できます。

5 投稿に対してコメントをつける

コメントをつけたい投稿の「コメント」ボタンをタップしてコメントを入力します。

6 投稿を友だちに共有する

「共有」ボタンをタップして共有したい友だちを選んでタップすると投稿を共有できます。

7 自分のフォロワーや自分がフォロー中のユーザーを確認する

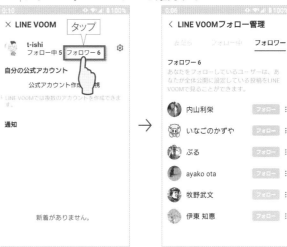

アカウントメニューを開いて、「フォロワー」をタップすると自分をフォローしているLINEユーザーの一覧が表示されます。「フォロー中」をタップすると自分がフォローしているLINEユーザーの一覧が表示されます。

LINE VOOM & ニュース & その他

105

「ニュース」の基本操作を覚える

　LINEのメインメニューにある「ニュース」は、さまざまなジャンルやカテゴリのニュースをチェックできる便利なメニューです。友だちとのトーク中に返信を待つ間や通勤、通学中などのちょっとした時間に手早く最新のニュースをチェックすることができます。また、トークやタイムラインで友だちに転送できます。

LINEの「ニュース」を開いてみよう

メインメニュー「ニュース」をタップすると「ニュース」のトップ画面が開きます。メインメニュー「ニュース」に表示されるニュースはリアルタイムで更新されます。

「ニュース」の画面構成

❶一覧メニュー
「ダイジェスト一覧」などのカテゴリ、気象情報や災害情報などが一覧表示されます。

❷検索
キーワード検索でニュースを検索できます。

❸カテゴリタブ
「総合」「エンタメ」「国内」などニュースのカテゴリが並んでいます。

❹メイン画面
ニュースのメイン画面です。注目記事やトップ記事などが並んでいます。

ニュースを読む

1　読みたいニュースをタップする

「ニュース」のトップ画面から読みたいニュースを選んでタップします。

→

2　ニュース全文を表示する

「続きを読む」をタップするとニュースの全文が表示されます。

→

3　上下にスクロールして読む

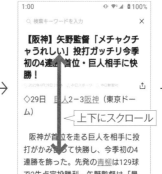

表示されたニュースは上下にスクロールしながら読んでいきます。

→

4　ピンチインで拡大表示する

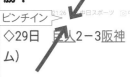

画面をピンチインするとニュースを拡大表示できます。

ニュースを探して読む

話題のニュースをチェックする

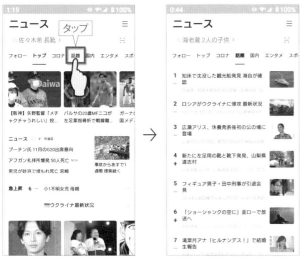

カテゴリタブの「話題」タブをタップすると、話題のニュースをランキング形式などでチェックできます。

メニューからニュースを探す

画面左上の「≡」をタップすると、「ダイジェスト一覧」「ムック一覧」などのカテゴリや気象情報や災害情報をチェックできます。

ニュース記事の元サイトを見る

記事タイトルの下部にあるサイト名をタップするとニュースの記事元のサイトにアクセスできます。

気になるニュースを友だちに転送する

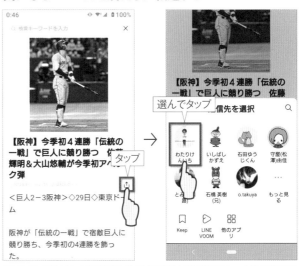

「↑」をタップすると、LINEやほかのSNSを通して友だちにニュースを転送できます。

POINT

ニュース検索で記事を探す

LINEの「ニュース」はあらゆるニュースのポータルサイト的な機能ですが、その情報量の多さのせいで読みたい記事が見つからない場合があります。そんなときは検索機能を使ってニュースをキーワード検索しましょう。検索結果はニュースや動画などのカテゴリごとに表示することもできます。

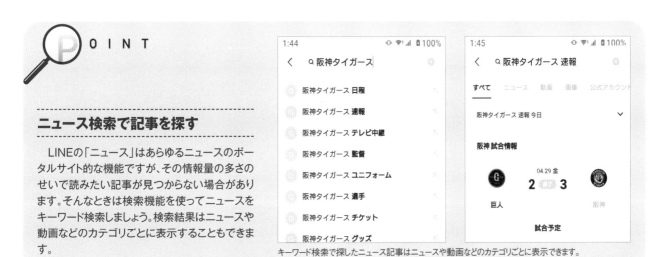

キーワード検索で探したニュース記事はニュースや動画などのカテゴリごとに表示できます。

困ったを解決するLINE VOOMのQ&A

Q. LINE VOOMを使わないから削除したいのだけど?

A. 完全に削除はできませんが、不要な人向けのおススメの設定があります。

SNS的に利用できるLINE VOOMですが、友だち以外とはつながりたくない人や、そもそもショート動画に興味のない人には不要な機能かもしれません。LINE VOOMはLINEから削除したり、機能をオフにすることができないため、いくつかの設定を行いましょう。これにより無駄な通知が来たり、知らない人にフォローされたりすることがなくなり、LINE VOOMとの接点を減らすことが可能となります。

友だち以外からのフォローを拒否する

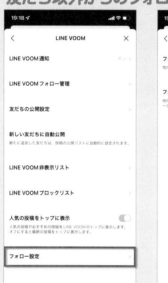

知らない人とつながりたくない人は、友だち以外からのフォローを拒否しましょう。LINEの「ホーム」→「設定(歯車)」→「LINE VOOM」→「フォロー設定」へと進み、「フォローを許可」をオフに設定します。

フォロー情報を非公開にする

自分のフォロー情報を公開しないようにしましょう。LINEの「ホーム」→「設定(歯車)」→「LINE VOOM」→「フォロー設定」へと進み、「フォロー情報を公開」をオフに設定します。

通知設定をオフにする

LINE VOOMに関する通知をすべてオフにしましょう。LINEの「ホーム」→「設定(歯車)」→「LINE VOOM」→「LINE VOOM通知」と進み、一番上のすべての通知をタップしてオフに切り替えましょう。これでLINE VOOMに関する通知が届かなくなります。

動画の再生をオフにする

LINE VOOMを開いたときに動画が自動で再生される機能をオフにします。LINEの「ホーム」→「設定(歯車)」→「写真と動画」→「動画自動再生」→「自動再生しない」をオンにします。ただしこの設定はVOOMだけでなくトークで届いた動画にも適用されるので注意が必要です。

Q. LINE VOOMで間違えた投稿は削除可能?

A. いつでも削除可能です。記事の修正や公開範囲の変更もできます。

LINE VOOMに投稿したとき、「あとから削除したい」「新たな画像や文章などを加えたい」「誤字脱字を直したい」といったことを感じたユーザーは多いと思います。LINE VOOMの投稿は、文章の編集はもちろん、画像の貼り直しや公開範囲の設定など、そのほとんどが修正可能です。また、削除したいときもすぐに削除できるので、もし間違って投稿しても慌てずに投稿した記事を修正・削除しましょう。

1 LINE VOOMの投稿を削除する

削除したい投稿の「…」をタップして、「投稿を削除」をタップすると投稿の削除は完了します。

2 LINE VOOMの投稿を修正する

修正する投稿の「…」→「投稿を修正」を順番にタップします。投稿を修正して「投稿」をタップして修正完了です。

3 投稿の公開範囲を変更する

公開範囲を変更する投稿の「…」→「公開設定を変更」を順番にタップします。範囲を設定して「確認」→「投稿」をタップします。

Q. ストーリーってどんな機能?

A. 24時間限定で公開される投稿機能です。

LINEのストーリー機能は、Instagramのストーリーズに似た機能で、24時間限定で投稿を公開する機能です。期間限定で公開されることで、気軽に利用できる上に、その場だけのリアルタイムの情報を発信、視聴することができます。投稿は動画以外にも、写真やテキストで行うことができ、自身の投稿は24時間経過後にも確認することができます。また投稿には「いいね」や「コメント」をしたり、だれが視聴したかを確認可能な足跡機能もついています。

1 ストーリーを閲覧する

ストーリーが投稿されると「LINE VOOM」のフォロー中画面の上部にアイコンが表示されます。タップすれば投稿を視聴することができます。

2 ストーリーを投稿する

ストーリーの投稿は、「LINE VOOM」のフォロー中画面の上部の自分のアイコンをタップします。投稿画面が開くので、動画や画像、テキストなどを入力して投稿しましょう。写真や動画はその場で撮影し、簡単な編集をすることも可能です。

LINE VOOM & ニュース & その他

困ったを解決する そのほか のQ&A

Q. 「ニュース」は見ないから、いらないんだけど?

A. 「ニュース」タブを「通話」に切り替えましょう

ニュースを見ないから不要だという人は「ニュース」タブを「通話」タブに切り替えましょう。「通話」タブはワンタップで通話できるなど、LINEをトークと通話メインで使っている人ならニュース以上に利用する機会が多い機能です。タブの変更は、LINEの「ホーム」タブの設定(歯車)アイコンをタップして、「通話」→「通話/ニュースタブ表示」を選んで、「通話」を選択します。「通話」タブでは、通話履歴が一覧で表示され、履歴よりすぐに通話を利用することができます。

1 「設定」→「通話」をタップする

LINEの「ホーム」タブの「設定(歯車)」→「通話」を順にタップして通話設定の画面を開きます。

2 「通話」を選んで切り替える

通話の設定画面が表示されたら、一番下の「通話/ニュースタブの表示」をタップして、「通話」を選んでタップしましょう。

3 「ニュース」タブが「通話」に変わる

これでLINEの画面の下部メニューの「ニュース」が「通話」に切り替わります。

Q. LINEで漫画や音楽を楽しめるって本当?

A. LINEアプリだけではできません。専用アプリが必要です。

漫画や音楽以外にも、LINEには専用のアプリを端末にインストールすることで楽しめるサービスが多数存在しています。LINEアプリだけでは利用することはできませんが、LINEトークで友だちと共有したりして楽しむこともできるので気になるものがあれば利用してみましょう。それぞれのアプリは、ダウンロードは無料ですが、アプリ内に有料コンテンツがあったり、LINE MUSICのように機能をすべて使うためには定額制だったりするものあります。必ず確認しながら利用していきましょう。

LINEマンガ

制作者：LINE Corporation
価格：無料

iOS　　Android

LINE MUSIC

制作者：LINE Corporation
価格：無料

iOS　　Android

話題のChatGPTをLINEで使える「AIチャットくん」

　AIとチャットができる、今話題のChatGPT。さまざまな質問や要望にAIが高い精度で回答してくれるもので、これをLINEで利用可能となるのが、LINE公式アカウント「AIチャットくん」です。使い方は「AIチャットくん」を友だち追加するだけ。これでLINEトーク画面で友だちと会話をするような感覚でChatGPTを利用できます。無料で使えるのは一日5回までと制限がありますが、月額980円のフリープランに加入することで無制限となります。

公式アカウント「AIチャットくん」を友だち登録する

1 「AIチャットくん」を検索する

上記のQRコードをスキャン、またはLINEのトーク画面の検索欄に「AIチャットくん」と入力して、公式アカウント「AIチャットくん」を検索しましょう。

2 「追加」をタップして友だち追加

「AIチャットくん」アカウントが見つかったら「追加」をタップして友だち追加をしましょう。類似アカウントも多いので追加の際は注意しましょう。

3 「AIチャットくん」を利用する

友だちに「AIチャットくん」が追加されます。これで導入は完了です。トーク画面下部の「タップして開く」からメニューを開いてトークしましょう。

「AIチャットくん」とトークをする

1 アカウントを選んでトーク

友だちリストの公式アカウントに登録された「AIチャットくん」を選んで、「トーク」をタップしてトークをはじめましょう。

2 トークを入力回答を待つ

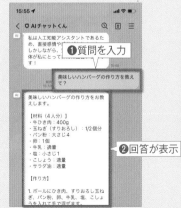

❶質問を入力

❷回答が表示

通常のトーク同様にトークを進めます。質問などを入力すると30秒程度で回答が来ます。無料プランは一日5回までの回数制限があるのを考慮して使ってみましょう。

「AIチャットくん」の有料プランを利用する

1 「加入する」をタップする

一日の利用制限回数に達すると有料プラン加入のバナーがトーク画面に送信されます。プランを利用するならバナーの「加入する」をタップしましょう。

2023→2024年最新版
初めてでもできる
超初心者のLINE入門

企画・制作
スタンダーズ株式会社

表紙&本文デザイン
高橋コウイチ(wf)

本文デザイン、DTP
松澤由佳

ライティング
渡健一

印刷所
株式会社シナノ

発行・発売所
スタンダーズ株式会社
〒160-0008
東京都新宿区四谷三栄町12-4
竹田ビル 3F
営業部__03-6380-6132

編集人
内山利栄

発行人
佐藤孔建

©standards 2023

Printed In Japan